本书受西南科技大学博士基金项目
《中国行政组织伦理的现代性反思与重建》
（项目批准编号：15SX7105）

四川省教育厅人文社科重点基地四川循环经济研究中心重点项目
《国家治理能力现代化视阈下循环经济发展中的政府伦理与责任探析》
（项目批准编号：XHJJ-1506）的资助

马克思主义
与当代社会发展研究系列丛书

# 中国行政组织伦理的现代性反思与重建

白 洁 ◎ 著

中国社会科学出版社

## 图书在版编目(CIP)数据

中国行政组织伦理的现代性反思与重建/白洁著.—北京：中国社会科学出版社,2017.12
ISBN 978-7-5203-1717-7

Ⅰ.①中… Ⅱ.①白… Ⅲ.①行政学—伦理学—研究—中国 Ⅳ.①B82-051

中国版本图书馆CIP数据核字(2017)第314154号

| 出 版 人 | 赵剑英 |
|---|---|
| 选题策划 | 刘　艳 |
| 责任编辑 | 刘　艳 |
| 责任校对 | 陈　晨 |
| 责任印制 | 戴　宽 |

| 出　　版 | 中国社会科学出版社 |
|---|---|
| 社　　址 | 北京鼓楼西大街甲158号 |
| 邮　　编 | 100720 |
| 网　　址 | http://www.csspw.cn |
| 发 行 部 | 010-84083685 |
| 门 市 部 | 010-84029450 |
| 经　　销 | 新华书店及其他书店 |

| 印　　刷 | 北京明恒达印务有限公司 |
|---|---|
| 装　　订 | 廊坊市广阳区广增装订厂 |
| 版　　次 | 2017年12月第1版 |
| 印　　次 | 2017年12月第1次印刷 |

| 开　　本 | 710×1000　1/16 |
|---|---|
| 印　　张 | 15.5 |
| 插　　页 | 2 |
| 字　　数 | 183千字 |
| 定　　价 | 69.00元 |

凡购买中国社会科学出版社图书,如有质量问题请与本社营销中心联系调换
电话：010-84083683
**版权所有　侵权必究**

# 目　　录

**绪　论** …………………………………………………（1）
　　第一节　对行政组织的关切是一个现代性的
　　　　　　问题 ……………………………………（1）
　　第二节　对行政组织伦理的研究从未停止 ………（4）
　　第三节　本书的研究思路 …………………………（9）

**第一章　行政组织及其现代特征** ……………………（12）
　　第一节　行政组织的概念及特点 …………………（13）
　　第二节　现代性与行政组织 ………………………（24）
　　第三节　中国的现代行政组织 ……………………（39）

**第二章　行政组织的伦理实质与内涵** ………………（55）
　　第一节　行政组织的伦理实质 ……………………（56）
　　第二节　行政组织伦理的内涵 ……………………（75）

**第三章　行政组织伦理的困境** ………………………（98）
　　第一节　难以确定的道德责任主体 ………………（99）
　　第二节　组织对个人的道德的制约 ………………（117）

1

第三节　行政组织的价值悖论 …………………（131）

## 第四章　行政组织伦理困境的根源 …………………（145）
　　第一节　现代性的背景 …………………………（145）
　　第二节　行政组织权力与权利的悖论 …………（167）
　　第三节　价值理念的缺失 ………………………（177）

## 第五章　现代行政组织伦理建设的重构 ……………（194）
　　第一节　行政组织理性的重建 …………………（195）
　　第二节　行政组织伦理制度原则的确定 ………（203）
　　第三节　行政组织伦理精神的建构 ……………（213）

**参考文献** ……………………………………………（237）

# 绪　　论

"现代性以前所未有的方式，把我们抛离了所有类型社会秩序的轨道，从而形成了其生活形态"。① 现代性卷入的变革比过往时代绝大多数的变迁都更加意义深远。这种转变冲击着身处现代性社会中的中国。尤其是行政组织作为现代组织中的一个重要成员与人类社会结合得愈加紧密。

## 第一节　对行政组织的关切是一个现代性的问题

自古至今，行政组织在人类社会中与人们都有着密切的关系，对人类日常生活的影响尤为重要。到了现代社会，更是如此。对于行政组织的理解，人们开始从仅仅追逐效率成为公众信赖的机关开始了向公共服务的道德追求的转变。行政组织负责整个社会行政事务的运转，担负着维护和提供社会正义的使命。因此，行政组织不仅仅是完成管理职能的一

---

① ［英］安东尼·吉登斯：《现代性的后果》，田禾译，译林出版社2001年版，第1页。

个法定机构，它还应该是一个行政道德的塑造者，同时也是社会基本价值的承载者与实现者。

行政组织伦理是在行政管理活动中形成的有关组织的善恶观念、价值取向、价值判断标准及其行为规范和习惯的总和。行政组织的伦理从20世纪开始走入人类的视野。在研究伊始之时，人类对行政组织的伦理研究主要针对组织中的个人道德建设而展开，行政组织的伦理主体放在行政人员的身上，而忽视了具有整体行为能力且具有较大行为能力的行政组织，这与传统道德哲学长期关注个人道德相关。我国多数学者也认为，行政伦理学关注的焦点应是行政人员的德行及其实践的价值选择。基于对行政的不同理解，目前国内学者对行政伦理的认识主要存在三种观点：第一种观点：将行政理解为一个动态的过程，行政伦理"就是行政领域中的伦理，准确地说是公共行政领域中的伦理，也可以说是政府过程中的伦理"。[1] 第二种观点：不仅是行政人员的职业伦理，也是体现了行政过程的重要性，"渗透在公共行政与政府过程的方方面面，体现在诸如行政体制、行政领导、行政决策、行政监督、行政效率、行政素质等，直到行政改革之中"。[2] 也就是说，凡是有行政的地方，都有伦理问题的存在。第三种观点：行政伦理就是"国家行政机关及其工作人员在权力运用和行使过程中的道德意识、道德规范以及道德行为的总和"。[3] 这样，行政伦理就是行政人员的职业伦理。

---

[1] 王伟等：《行政伦理概述》，人民出版社2001年版，第35页。
[2] 同上书，第64页。
[3] 吴祖明、王凤鹤：《中国行政道德论纲》，华中科技大学出版社2001年版，第3页。

我们认为，这种把行政伦理学的视野仅仅限制在行政工作人员身上这样一个非常狭小领域的观点，是值得商榷的。在《行政伦理导论》中，作者郭济提出了一种行政伦理指数的说法，为行政伦理的研究内容做出了一个尝试性的框架。在文中指出行政伦理指数是"个人道德品质""组织结构""组织制度""社会期待"这四个维度测量的结果。这个系数的组成表达了现行条件下行政伦理研究内容的综合概括。更加充分地表明，在现阶段，人们对行政组织的关注主要停留在个人的道德建设上。而行政组织的伦理规范主要是以制度伦理的形式出现的，虽然不能否认制度的积极作用，但是不能说明一个整体的伦理作用仅在于此。因此，行政伦理的发展应该最终依靠的是组织自身的引导力和伦理精神的整体，也就是行政组织应该是一个有道德的"整个的个体"。

从研究现状中可知，学者们倾向于将行政组织看作技术实体，将伦理要求锁定在个人身上而忽视了具有整体行为能力的行政组织。虽然学者们普遍认识到行政并非与价值无涉，也认识到了行政组织具有价值导向的作用，但是在具体研究中对组织的伦理问题缺乏根本的认识，使得行政组织长期矗立于道德归责和道德建设之外。在现代社会的行政管理活动中，人们却发现社会中不乏行政组织失信、不廉的例子，因此也有了更多对行政组织维护自身利益牺牲公众利益的质疑与反思。从伦理的视域来看，行政组织陷入了伦理的困境。因此，仅从个体道德的约束出发已经不能完全解决现代社会行政伦理中的问题，需要我们转变方式，将研究重点转移到行政组织的伦理建设上来。

另外，行政组织伦理的研究方法有待改善。"国内行政

▶ 中国行政组织伦理的现代性反思与重建

伦理研究主要采取宏大叙事的方式,其长处在可以从宏观上把握、考察各种关系,不足之处在于可能会使研究流于形式。越来越多的研究者日益深切地意识到,除了原有方法外,采用案例研究、现场调查等方法是推进我国行政伦理研究的重要途径"。① 因此,展开行政组织的伦理困境的研究,丰富行政组织伦理研究的方法就成为学术界应当关注的重要问题。

## 第二节 对行政组织伦理的研究从未停止

国内的行政组织伦理的研究。在我国,对行政组织伦理的研究起始于20世纪80年代末。"我国行政伦理理论界的研究大致经历了三个阶段:第一阶段,在20世纪90年代中期以前,理论研究主要是从公务员角度展开的,学者们普遍认为,作为一种职业,政府行政人员就应该有其职业道德并遵守其相应的职业道德规范,行政伦理的主体就是国家公务人员。于是,20世纪90年代,对于公务员职业道德研究的著述较多。第二阶段,20世纪90年代中期到世纪之交前后,学者们毫无例外地把国家行政机关也纳入行政伦理主体的范畴内。这在行政伦理主体的认识上是大大前进了一步。第三阶段,2002年以来,对行政伦理主体的认识更加泛化,行政制度伦理进入行政伦理研究的视界,并获得了足够的重视。行政制度的伦理化考量与行政伦理的制度化研究大大深化与

---

① 王锋、田海平:《国内行政伦理研究综述》,《哲学动态》2003年第11期。

拓展了行政伦理的研究视界，切合我国实际"。① 然而单纯从行政组织的角度来讨论伦理问题，国内的研究成果并不乐观。以"行政组织、官僚制度"为议题的研究主要是针对有关官僚科层制、组织中的行政权力、行政问责制等的制度分析。"其研究近两年虽然已经在谈论组织理论、行政自由裁量权、对传统公共行政模式的伦理反思等内容，但我们认为，目前行政伦理研究中还没有发展出中国自身的组织伦理研究"。②

在做此研究之时，对照所有的参考文献，笔者经过认真的比对阅读，发现大量涉及行政组织作为伦理主体的文献中，最终对于行政组织的伦理研究大多数是以行政人员的责任伦理，或者以组织的制度伦理为最终落脚点。较少从组织的层面去深入分析行政组织的伦理内涵与内容。在这里要特别说明的是，完全站在组织的层面上，对行政组织的伦理进行分析与研究的，笔者认为，学者高晓红的著作和观点是给我帮助最多的一个。其著作《政府伦理》中对政府（本书中的行政组织）是一个伦理实体进行了论述，将政府作为道德责任的主体加以研究，推动了我国在这方面研究的发展。因此，要从完整意义上理解行政组织伦理，国内的研究还有一个比较长远的过程。

除了高晓红的《政府伦理》之外，也有很多著作在行政组织伦理方面予以了探索，这些文字资料对笔者的研究给予

---

① 张震:《行政组织伦理冲突的化解研究》，硕士学位论文，电子科技大学，2008年，第6页。

② 罗蔚:《我国行政伦理研究状况的分析与反思》，《公共行政评论》2009年第1期。

了很多的启迪。如王伟编著的《行政伦理概述》（人民出版社 2001 年版）、张康之著的《寻找公共行政的伦理视角》（中国人民大学出版社 2002 年版）、郭济、高小平、何颖主编的《行政伦理导论》（黑龙江人民出版社 2006 年版）、刘祖云编著的《行政伦理关系研究》（人民出版社 2007 年版）以及《当代中国公共行政的伦理学审视》（人民出版社 2006 年版）、徐家良和范笑仙编著的《公共行政伦理学基础》（中共中央党校出版社 2004 年版）等。如张康之在《寻找公共行政的伦理视角》一书中揭示了现代公共行政的"思想模型"中的各种缺陷。对于公共行政的缺陷救治问题，作者从公共行政的制度、程序、行政人员的行为等方面提出了伦理化方案。但是在这些书籍中，行政组织伦理是作为行政伦理的一部分而存在的，组织层面的伦理是与制度伦理、责任伦理夹杂在一起，缺乏组织伦理的系统性与独立性。笔者初步涉及组织理论是以阅读我国学者王珏的《组织伦理——现代性文明的道德哲学悖论及其转向》一书开始的，书中对于组织作为一个道德主体开展了详尽的论述，提出当代哲学道德范式必须要实现道德转换。这点对于本书的研究有很大启发。

对于组织伦理困境的研究上，针对我国的具体实际，池忠军《官僚制的伦理困境及其重构》（知识产权出版社 2004 年版）对社会主义公共行政的改革关涉民主、公正、效率等一系列问题进行了探讨。纪明奇主要从个人的角度在《公共组织中的伦理困境及其价值回归》一文中认为"组织制度、组织文化、对组织的忠诚、组织的团体责任会对组织的伦理建设造成影响，面对组织对伦理道德的这种冲击，组织中的个人也是可以有所作为的。另外对组织进行有效的改造，也是解决这种冲击的有效途径"①。这恰恰开启了我们面对组织伦理困境的另一方面的方向，即除了个人，组织该如何认识、面对、解除伦理困境。这一点，国内的研究尚且缺乏系统全面的总括。

国外的行政组织伦理的研究。国外对于行政组织伦理的研究早于我国。当然也源于"水门事件"给公众带来的冲击和影响。美国行政学家托马斯·伍德罗·威尔逊（Thomas Woodrow Wilson）最早关注行政伦理，于1887年在《政治学季刊》上发表《行政学研究》一文开启了国外对行政组织的关注。《现代性与大屠杀》的作者齐格蒙·鲍曼（Zygmunt-Bauman）认为，大屠杀是行政组织弊端的暴露，是行政组织病态的胜利，是现代性理性的后果，是现代性组织的弊端的突出体现。在高效率的现代性组织制度之下，纳粹大屠杀得以萌生，它不同于原始、落后的屠杀事件，它与现代性组织定有关联，他认为纳粹大屠杀是由现代行政组织制度所导致。其实，这也是对行政组织本身的伦理责任进行反思的力作。

从20世纪80年代至今，国外更多的学者对行政组织伦理给予了更多的关注，涌现了一些影响至深的著作。美国著名的行政伦理学家特里·L.库珀（Terry L. Cooper）于1982年出版其成名作——《行政伦理学：实现行政责任的途径》。此书由行政组织伦理与行政人员伦理组成全书的两大部分，

---

① 纪明奇：《公共组织中的伦理困境及其价值回归》，《天水行政学院学报》2002年第5期。

▶ 中国行政组织伦理的现代性反思与重建

并对行政组织伦理进行了较为详细论述。书中阐述了维持公共组织中负责任行为的两种方法：外部控制与内部控制，并对个人在组织中保持伦理自主性等方面进行了分析。按照书中论述，他将行政组织伦理的内容分为四个方面：个人道德品质、组织制度、组织文化和社会期待。但是在具体实践过程中，是一个长期形成的过程，因为行政组织伦理还会受到政治环境、经济环境以及文化环境不同程度的影响。即便如此，我们看到，这本书中，最终的落脚点仍然是行政人员伦理，特别是落实在个人责任的身上。但他对组织伦理的探讨向前迈进了一大步。

对于行政组织伦理困境的思考，美国的"水门事件"给国外关于行政组织伦理困境研究带来了最好素材。美国政治学家和现代公共行政学者德怀特·沃尔多（Dwight Waldo）在1974年发表的《公共道德反思》一文中，用政治哲学和历史的观点分析"水门事件"。他认为，公共道德与私人道德之间的各种联系日益显现，两者之间不存在不可逾越的鸿沟。乔治·格雷姆（George Graham）于1974年发表《公共管理人员的伦理指导：游戏规则的考察》一文，提出了联邦政府的行政行为规范，他认为，行政人员可以普遍接受的"游戏规则"都具有特定的伦理根源，它根植于官僚责任的本质特征。由此可见，国外开始意识到行政组织困境的影响，并从伦理的视域中去探寻解决之道。

在现代社会中，行政组织的自主性得到进一步强化。为保证行政组织的自主性符合社会核心价值，必然需要对其制约和引导，行政组织伦理即是重要的权力约束机制。国内外对于研究行政伦理方面有着众多学术成果，然而，我们如何选择在适合我国国情和现实发展的基础上，充分借鉴世界发达国家的治理经验，在中国伦理传统与现代西方行政伦理文化的彼此互动中，创造出适合中国国情的现代行政组织伦理的研究与共识，已经成为国内外广泛关注的重大理论和实践课题。

## 第三节 本书的研究思路

在笔者做出本书要以行政组织伦理为主题时，定下了两个主要的目标：

第一个目标是在整本书中，一以贯之地从组织层面的角度出发，对行政组织的伦理实质、伦理宗旨进行阐述，将行政组织作为一个伦理实体，对这个"整个的个体"进行道德的审视。对行政组织的伦理困境进行详细的分析和揭示，并深入挖掘产生组织伦理困境的根源。在整个的论述过程中，将行政组织都视为一个道德主体，而不是仅仅一个机构，责任的主体最终也不能再次仅仅落脚到组织中的个人身上。

第二个目标是针对社会主义制度的中国的具体实际，面对行政组织官僚制发展不足的问题，面对现代性社会存在的固有问题，如何运用马克思主义理论的优势与自身的社会主义制度的优势，在行政组织的伦理困境的破解中给予理论的回应和实践的回答。

针对这样的两个目标，本书的主体部分主要分为五章：

第一章，介绍了现代社会中的行政组织的特点。从传统社会脱胎而来的现代社会，有着与以往不同的特点。这些现代性的特点也在行政组织身上也有所体现，现代行政组织。

介绍了中国现代性的进程与中国的行政组织的发展状况。

第二章，主要论述了行政组织的伦理实质与内涵。这一章是全书理论的基础。从黑格尔的"伦理实体"的概念与特征出发，论证行政组织是一个"创生性的伦理实体"。行政组织的伦理实质是"公共利益至上"，其伦理的内涵是组织的"权利""义务""责任"。行政组织的伦理实质与内涵是其核心的内容。而行政组织的伦理的问题、矛盾、困境一定与其最根本、核心的伦理实质和内涵相关。

第三章，以案例分析方法分析了现代行政组织存在的伦理困境。三个案例均来源于中国的典型案例。通过对案例的分析得出了行政组织面临的不确定的道德责任主体、组织对个人道德的制约、行政组织价值悖论三个困境。

第四章，从现代性的背景、权利与权力的关系、价值理念的缺失三个方面总结了伦理困境产生的原因。本章的三个原因与上一章的三个困境是相互呼应的。

第五章，对我国行政组织伦理困境的思考，主要从理性的重建、伦理制度原则的确定、伦理精神的建构出发，结合我国的社会主义实践，提出了可行性的建议，提出了以人为本的价值理念与社会主义核心价值观的高度契合与有机统一。

综上，行政组织伦理作为实践性很强的学科，只有在实践中才能彰显作用与价值。我们正处于现代社会的转型中，与西方的国家相比不同的是，我们带领全国人民以社会主义的运作机制使人类走上了现代文明的道路。带领中华民族实现现代化，是中国共产党的历史使命。在执政 60 余年的过程中，很多经济社会指标已经或正在实现，但是行政组织的职能发挥并非尽善尽美,我们的一些机构设置、制度设计在国内可行,但未必与国际接轨。我们仍然在面临改革和转型的难题,在从传统社会向现代社会过渡的过程中面临严峻考验。结合现代社会的特点,建立适合社会主义市场经济发展规律的行政组织伦理,在适合我国国情和现实发展的基础上,充分借鉴世界发达国家的治理经验,在中国伦理传统与现代西方行政伦理文化的彼此互动中,创造出适合中国国情的现代行政组织伦理的研究与共识,是每一个有志于此的研究者的责任。

行政伦理建设是一项长期的系统工程,行政组织是一种重要的道德主体和道德力量,通过对组织这个层面的伦理困境的研究和把握,可以更好地推动现实行政伦理秩序的建设,将会引导行政组织工作走向更加合理、公正、高效,促进和谐社会的构建。

# 第一章　行政组织及其现代特征

　　组织是人类社会生存与发展的前提，是人类最为主要的存在方式与发展形态。尤其到了现代社会，组织化已经成为现代社会发展和文明的一个重要标志。就如彼得·德鲁克（Peter F. Drucker）所言，现代人必须了解组织，就如他们的先辈必须学习耕作一样。组织已经成为现代人认识社会、改变世界、创造财富的重要手段之一。社会中的组织复杂多样，由于不同的组织具有不同的目标，承担着不同的使命，执行着不同的职能，因而也就产生了各种不同的组织。组织作为人的集合，丰富了人类社会生活的聚合方式，为集体行动实践提供了持久的条件与力量。组织的存在，无论是在组织形态上，还是在行动结果上，都具有其深邃的意涵。加强对组织的研究，对人类社会发展具有深刻的意义。行政组织，作为主导人类社会事务运行的重要一环，从古至今、从中到外向来都是各类人类社会存在的组织中一种极为重要的组织形态。尤其是在人类进入现代性社会的阶段，伴随着人类社会行为的各类规范日趋成熟完善，组织与人之间的互动更为频繁密切，行政组织成了与人类交往最为密集的组织之一，了解行政组织及其现代性成了人类研究自身的一个灵敏的触角。

第一章 行政组织及其现代特征 ◀

## 第一节 行政组织的概念及特点

### 1. 行政组织的概念

人类向来对身边的各种事物充满了好奇与敏感，也充满了研究和了解的欲望。因此，人类对于组织的研究与组织存在发展的态势并举。关于组织的问题，国内外已有为数不少的组织学家、管理学家、人类学家和社会学家进行过许多的研究和论述，赋予了组织多重的意义和内涵，组织的定义便呈现了多种提法。比如，巴纳德（Chester I. Barnard）认为："正式组织是有意识地协调两个以上的人的活动或力量的一个体系。"[①] 西蒙（Herbert A. Simon）认为，组织"指的是一个人类群体当中的信息沟通与相互关系的复杂模式。它向每个成员提供其决策所需的大量信息，许多决策前提、目标和态度；它还向每个成员提供一些稳定的、可以理解的预见，使他们能够料到其他成员将会做哪些事，其他人对自己的言行将会做出什么反应"。[②] 这些关于组织的研究和论述都从不同的角度阐述了组织的含义，并突出了组织某一方面的特性和功能。给组织下一个普遍性的定义，应同时体现其外在形式和内在本质。

从人类社会组织的共性出发，我们一般把组织定义为："组织，就是人们按照一定的目的、任务和形式编制起来的

---

[①] [美] 巴纳德：《经理人员的职能》，孙耀君等译，中国社会科学出版社1997年版，第60页。
[②] [美] 赫伯特·西蒙：《管理行为》，杨砾等译，北京经济学院出版社1988年版，"第三版导言"第9页。

▶ 中国行政组织伦理的现代性反思与重建

社会集团，是处于一定社会环境中的各种组织要素的有机结合体，是为了实现某种目的而有意识建立起来的人类群体。"① 在这个定义中包含着五层意思：第一层含义，组织是一个人类群体，是由两个或两个以上的人组成的人的集合，而不是其他的什么集合。组织是人类特有的一种存在样态，呈现了人的集体性的特点。第二层含义，组织的组成有其目的性。目标是人类各类社会组织产生和存在的根本原因，组织并非一群乌合之众的随意性的组合，而是因有共同的目标而建立的集体。离开了组织的目的性，组织的存在也就失去了意义。第三层含义，组织负有明确任务。因共同的目标导致了集体成员具有共同的任务，任务也会依据组织内的编制形式的特点而有机协调、逐层分解、配合完成。第四层含义，组织是与社会环境的有机结合体，它必须对其组织与环境、对组织内各部门或成员之间的目标和行为、对人与人之间、物与物之间和人与物之间等一切相关的要素都要进行合理的组织和协调，以使组织的目标得到有效的实现，促进组织的良性有序运转。第五层含义，组织会形成各自鲜明的个性特征。一个组织，任何一个人类社会组织，它的成员在精神、行为和作风上，以及在其产品或服务等方面都具有不同于其他组织的个性特征。这也是我们平时在与各种不同的人类社会组织接触过程中，不同的组织给我们产出或留下不同的印象的重要原因。从这个意义上讲，组织是一个整体。因而，组织，无论人们如何定义，从来不会仅仅是一种表达理性的工具，也不会仅仅是指对于工具的驾驭。组织之所以形

---

① 傅明贤主编：《行政组织理论》，高等教育出版社2000年版，第2页。

成了不同的功能、目标、形态，在于组织的运行、制约、协调、动员的不同，是因为组织是集体行动发生的领域，是行动领域进行构建和再构建的过程。可见，组织虽然由一个个的个体的人组成，但并非人的简单集合，其正常功能的发挥是一个系统性的过程。组织的系统性也就决定了不是以组织内个体的相加定义其集体性，不能以个体的特征去衡量组织的整体性。我们要充分地认识到，在组织运行的过程中，组织的系统性与整体性改变了个体的一些独立的特征，创造了组织的特有的行为体系和价值观念。因此以整体性、系统性的角度去把握和分析组织，转变对组织研究的思维范式，这也是本书所要寻求的新综合。

对组织进行了定义之后我们来看看本书将要进行分析的行政组织。行政组织是所有社会组织中最重要的形态之一，也是公共组织中规模最大、结构体制最为稳定和成熟的一种形态。行政组织是公共行政的主体，概括地讲，行政组织是指拥有公共行政权力、承担国家和社会公共事务管理职能的社会公共组织。行政组织具有组织的所有共性特征，它是一个人类的集体，其目标是为了实现公共行政管理的良性运转，任务是承担日常管理的具体管理工作，有其一定的组织建构、人事管理、行为规范。除此之外，行政组织有其不同于其他组织的运行模式、组织文化、作风特点、价值旨归等个性特征。应该说，行政组织与人类社会的出现一起相伴而生，只是在不同的历史时期、不同的地域和国家呈现了不同的发展状态。

从语义学角度讲，通常所说的"行政组织"，一般有广义和狭义之分。从广义上讲，行政组织是指各类为实现各种公共目标而负有执行性管理职能的组织系统，它包括国家政府组织系统的各类负有执行性和管理性功能的组织，即国家行政机关和国家立法、司法机关中具有执行性职能的部门，也包括国家企事业组织、群团组织、政党组织中负有执行性职能的组织系统。所以，广义的行政组织涵盖了所有负有执行性管理职能的社会组织。除政府机构外，它还包括企业、事业、军队等职能部门。从狭义上讲，行政组织主要是指为了实现一定的目标，根据国家宪法和法律组建起的国家行政机关，行使国家行政权力、管理国家公共事务的组织系统，是国家权力机关的执行机关。

一般而言，行政组织仅指其狭义定义：它主要把国家行政组织从公共性和执行性角度加以限定，以主要职能特点为核心，表明其职能指向为"执行"国家法律和政策，其主要管理对象"直接"就是全部社会"公共"事务，而不是带有某种"间接"职能性质的国家组织或其他社会组织。换言之，狭义理解上的行政组织就是专指依法拥有并执行国家行政权力，直接管理国家公共事务的组织系统。狭义的行政组织是社会组织中规模最大的组织，其管辖的范围涉及社会生活的各个方面、各种领域、各个团体。生活在现代社会中的每个人都直接或间接地受到行政组织的管理，接受行政组织所提供的各类服务。在本书的研究中，使用行政组织的狭义定义，也就是说本书所指的行政组织均是以政府组织为分析对象，而不涉及其他组织，如企业组织和非政府、非营利性组织等。

### 2. 行政组织的特点

行政组织是将人们与社会联合起来的纽带，是保证社会能够正常运转的依托。一个健康的、高效率的社会，从来离不开健康高效的行政组织。行政组织作为组织中的一员，既具备与其他组织共同性的特点，也必然会表现出自身的特性。区分并辨别行政组织的特性是了解、理解行政组织的必要前提。

(1) 行政组织具有政治性

行政组织是直接关系到国家的根本性、全局性利益的一种机构，从政治性的角度上去理解，行政组织既是工具又是行动者，通常被认为是造成当代社会中许多严重问题的根源，因此行政组织的政治性是更好更深刻地理解行政组织的特点的一根纽带。行政组织作为国家职能的执行机关，是国家意志的体现者，其管理活动中必然会表现出鲜明的政治特征。行政组织并不是中性的工具，行政组织的政治性主要体现在它所从事的工作体现了鲜明的政治目的，行政组织的所有行政行为都反映了国家在一定时期的政治意图。"当行政体制改革的诉求被提出后，它就同时承担起变革生产关系和上层建筑的双重任务：一方面通过调整生产关系，克服旧体制下形成的某些束缚生产力发展的障碍，促进新的生产关系的建立；另一方面通过改革上层建筑领域中的某些弊端，巩固新的经济基础"。在不同的历史时期、不同的国家、不同的社会制度中，行政组织呈现出不同组织制度和组织形式，但是归根结底，它不是游离在国家政治目的之外的单独存在，却是有着稳固的政治根基的行政权力集体。行政组织是实现国家意志的重要工具，国家政权的性质决定行政组织的性质和服务方向。在传统社会，行政组织代表了君主意志，其所有组织行为服从于维护君主权威，因而人治大于法治。

在资本主义社会,行政组织服务于维护资产阶级利益。在社会主义社会,执政党与行政组织是领导与被领导的关系,行政组织出发点是与执政党保持一致的——维护全体人民利益。国家的政治性就要求行政组织必须为政治服务,并承担一定的政治责任,换言之,行政组织有自己的政治使命。因此,行政组织是一种管理组织同时也是一种政治组织。

(2) 行政组织具有合法性

行政组织区别于其他组织的特征是行政组织存在的合法性。行政组织的合法性包含两个部分:即行政组织的产生与运行的方式都必须合乎国家法律规范。行政组织的权利、责任、权力是由宪法和法律赋予,国家行政组织成员的职责、权利、义务,国家行政机关行使职权和实施管理的原则、方式、方法、程序等,都必须以法律为基本依据,不得超越宪法和法律所规定的范围,同时也必须贴合社会价值观念和价值规范。法制既是行政组织活动的依据,也是行政组织活动的手段之一。法制性是行政组织权威性的基础,离开了法制,违背了宪法和法律的规定,行政组织就不能真正维护其权威性。合法性不仅局限于现有的法律规范,而且来源于"社会普遍承认",即有关价值体系所判定的、由社会成员给予积极认可与支持的更重要的根据。"如果一个社会中的公民都愿意遵守当权者制定和实施的法规,而且还不仅仅是因为若不遵守就会受到惩处,而且因为他们确信遵守是应该的,那么,这个政治就是合法的"。[①] 行政组织的合法性隐含

---

① [美]加布里埃尔·阿尔蒙德、宾厄姆·鲍威尔:《比较政治学——体系、过程和政策》,曹沛霖等译,上海译文出版社1987年版,第35页。

着其存在合法性的前提，社会的整体成员对行政组织的服从也蕴含着对行政组织本身产生的合法性的认可。"具有合法性基础的行政组织是人们认可和支持的，相反则会导致行政组织的合法性危机"。①

（3）行政组织具有权威性

合法性的行政组织一旦构建，就需要有一个统一的力量对其进行实际的运作和指挥，因而就需要构建行政组织的权威。恩格斯在《论权威》中曾指出："一方面是一定的权威，不管它是怎样造成的，另一方面是一定的服从；这两者，不管社会组织怎样，在产品的生产和流通赖以进行的物质条件下，都是我们所必需的。"② 行政组织的权威性的表现形式可以是组织对其成员的个人行为的干预或调节，也可以说是组织成员对组织权威的认同和服从。法理型权威的实现必须以规则作为保证，此规则必须对成员具有一定的约束力，实现成员行动与规则的一致性，规则必须体现在每一组织行为中并具有连续性。传统型权威是基于组织成员对历史经验的总结，形成传统规则，成员服从于过去的传统。在历史上，一般情况下，传统型权威成员服从于个人，因此传统型权威的诉求在运行中一般是人为的，而不是规则性要求的。魅力型权威是一种基于个人特殊的人格特质所形成的，是以情感为纽带，不同于法理型权威和传统型权威。行政组织的权威性可以来自强制力，但是仅仅依靠强制力量去统治的社会是并不稳固的。但是无可

---

① 高晓红：《政府组织的政治使命与伦理内涵》，《江海学刊》2007年第2期。

② 《马克思恩格斯选集》（第三卷），人民出版社1995年版，第226页。

争议的是，无论是基于何种类型的权威，在组织中权威的存在都是必需的，因为组织的权威性的建立是实现组织协调、贯彻组织决策的基础性保障。行政组织权威的建立过程也是组织观念内化的过程，经过逐步内化之后形成了组织内部规范和制度。

(4) 行政组织具有公共性

行政组织与其他社会组织相比，其最大的不同在于行政组织的公共性目的。如企业组织是为谋求利润的最大化而产生的，而行政组织是因为公众的实质需求而产生的，这种需求带来的职责和目的一定与盈利无关，也不能仅为少部分人的利益代言。在社会的政治、经济、文化等事业领域，其服务对象应是社会的整个群体，所指应是国家的共同利益和社会的公共利益。马克思和恩格斯也很重视研究政府的公共性，他认为："我们已经看到，国家的本质特征，是和人民大众分离的公共权力。"[1] 即使在古代，"一切政府都不能不执行一种经济职能，即举办公共工程的职能"。[2] 这种职能正是行政组织公共性的体现。基于此，行政组织是把为社会提供公共服务和谋取大众的公共利益作为自身核心职责的组织。公共利益是把握行政组织行为的取向与价值判断的标准，与私人机构相比而言，具有完全不同的内涵、外延、特性以及运行规则。现代行政组织的公共性，有别于封建社会和帝王架构下的一言九鼎；行政职位是公共的，也有别于传统社会的家天下。"公共行政的公共性决定了它的公正性和

---

[1] 《马克思恩格斯选集》（第四卷），人民出版社1995年版，第116页。
[2] 《马克思恩格斯选集》（第一卷），人民出版社1995年版，第762页。

正义性"①，应该说，现代行政组织的公共性是行政组织的本质精神，也是现代性在行政组织身上的渗透与体现。

(5) 行政组织具有协作性

行政组织目标得以实现，需要各组织成员在组织运行过程中充分协调、明确分工。协调性是将组织充分发挥其集体性特点的必然产物和重要体现。行政组织其主要作用在于实现组织协调运行，为将个人效率整合成为社会效率提供实际的协作平台，因此，协作是组织应当具备的基本功能。出于参与组织的个体成员有组织共同目标的导向，目标要求组织自身必须有协作性。所以，协作性也是行政组织的客观属性。尤其是按照现代官僚制的理想设计，行政组织一般采取的是严格的层级制度，即用服从的因果链条传递信息的权力运行体系，在马克斯·韦伯（Max Weber）那里，理性官僚制度之间的层级非常严谨且不能逆行。在严格的层级之间，行政组织所具有的协作性将整个系统真正地调动和运转起来，这种运转按照高速有效的要求，要求个人目的、个人愿望、个人需要和行为与组织的高度统一。很明显，行政组织的生存与发展与组织协调性是密不可分的，人类社会中的行政组织的多种管理模式其实质均为对于组织内协调工作模式的探索，协调性也在一定程度上反映了行政组织的所处的社会制度安排和行政组织的功能发挥程度。

政治性、合法性、权威性、公共性、协作性是行政组织有别于其他组织的标志。这里也要说明两点：一是这五点特

---

① 张康之：《寻找公共行政的伦理视角》，中国人民大学出版社2002年版，第186页。

性并非行政组织的专属品，其他类型的组织也可能具备其中的一个或者几个特点，只是特点总是有突出特点和一般特点之分，总结出突出特点的集合有助于我们区分和研究各种不同类型的组织。二是行政组织除了这五点特性之外也会有其他的特点，尤其是研究的视角不同，从管理学、政治学等不同的领域来分析会有较多的概括和阐述，从本书来讲，将行政组织作为一个整体性的研究对象，从这五点特性出发有助于我们从伦理学的视角去研究和审视行政组织的伦理问题。

### 3. 行政组织的构成

（1）行政目标

行政目标是行政组织的灵魂，是行政组织经过组织成员的努力所要达到的一种预期状态。可以说，行政组织不是松散的，而是有着明确的总体目标，行政目标的存在是行政组织赖以生存与发展的基础和前提，并由此规定和制约着行政组织其他的构成要素。行政组织围绕行政目标，以此规定行政人员的工作内容、工作时间与工作范围，明确行政人员的职责与要求。一般来说，行政组织有一个总目标，然后根据层级逐级分解，依次确定所属各组织的分目标。

（2）行政结构

行政结构是行政组织的实体，也是行政组织行使行政权力的载体。行政结构作为一个系统，由纵向结构与横向结构两部分有机构成。行政结构主要包括机构设置、职位配置、权责划分等。行政结构的配置状况直接关系到整个行政组织活动的有效性，影响着行政目标的实现程度。机构指担负一定职能的具体部门，它们是组织最基本的外在表现形式。机构的多少及规模，以组织的目标为转移。

（3）行政人员

组织是将人们联合起来的纽带，所有的管理活动都有赖于人员的活动，行政组织也不例外。行政人员是行政组织最基本的"细胞"，也是行政组织的核心和行政管理活动的主体。没有行政人员，行政组织将不可能存在与发展。行政人员在行政组织内活动，必须遵守行政组织的基本要求与规范；同时，行政组织对行政人员也有相应的素质与能力要求。

（4）行政规范

不论是静态的行政组织，还是动态的行政组织，都需要有一个行政人员共同遵守的活动规章、程序或准则。通过行政规范，使行政人员按照行政目标协调一致，减少矛盾与冲突，有效处理公共事务。可以说，行政规范是行政组织内外人员形成的共识，一旦离开这些规范共识，行政人员将无章可循，容易导致行为失范，难以实现行政目标。

（5）行政文化

行政文化是在行政组织内的行政人员在长期的相互作用和相互影响中所形成的共同拥有的价值观体系，它包括行政人员共有的人生观、态度、理想、情感、期望、信念和行为规范等。文化包括组织内部的规章制度、组织精神、行为规范以及组织所拥有的知识技术和被全体成员接受并自觉遵循的价值观等。这一体系在很大程度上决定了行政人员的行为方式、人际交往，直接影响行政人员的工作热情，对实现行政目标、完成行政任务有较密切的关联。

行政组织是指政府的组织结构和组织活动过程，它是政府行政管理的主体。行政组织一直存在于人类社会的舞台，从传统社会到现代社会行政组织都为人类社会的正常运转与管理履行着自己的职责。尤其是到了现代社会，行政组织的工作方式与状态发生了比较大的变化。

通过对行政组织的概念、特点、结构的简略分析研究，我们会发现行政组织这一类重要的人类社会组织形态一刻也不曾在人类社会的历史上缺席，不仅与人类社会的发展相伴相生，而且也与社会的发展态势、文明程度有着高度的契合性与一致性。作为人类文明发展的产物，行政组织的发展一直伴随着社会的进步在调整和改变，最明显的行政组织变革的分水岭，便是从传统行政组织向现代行政组织的过渡与转型。

## 第二节 现代性与行政组织

"现代性"已经成为一个非常普遍性使用的词汇，普遍到我们已经意识到身边的一切都被"现代性"所裹挟和席卷，即便还有很多人甚至连"现代性"与"现代化"这两者之间的区别还混淆不清，但并不影响人类对已经进入现代社会这一状态形成共识。在18世纪启蒙思想家的构想中，现代性是一项伟大的事业，一个伟大时代可预见的伟大理想。启蒙思想家们希望社会全面现代化之后能够带给人类平等、自由、民主和富强，希望"现代性"给人们带来个体的自由和历史的进步。人类在追求全面现代化的道路虽然远未停止，但是人们总体上已形成了关于"现代性"的诸多共享观念，诸如先进的科学技术、高度发展了的生产力与较高的劳动生产率、民主的政治思想、发达的经济生活、丰富多彩的社会文化、社会生活的世俗化等。这诸多共享观念对于现代性的理解，事实上指向了一种有着自身发展的历史与逻辑的、崭新的存在方式。身处现代社会的行政组织，不可避免地具有现代性的明显特征和烙印。离开对现代性的理解和分析是无法真正全面地理解现代行政组织的特点的。因此，分析现代行政组织的特点，让我们从了解"现代性"开始。

### 1. 现代性的产生

"现代性"对应于西方历史的一个特定时期，其中主要是指 18 世纪、19 世纪和 20 世纪。通常理解现代性是发端于欧洲中世纪的文艺复兴时期，形成于 18 世纪的启蒙运动，随着封建体制的逐渐解体和资本主义的兴起，科学观念的传播以及人文主义思潮的发展，而逐步拉开了人类发展的新序幕，科学、民主、自由是推动启蒙的主要因素。"曾经有过这样的一个社会知识和时代，其中预设的模式或者标准都已经分崩离析，鉴于此，置身于其中的人只好去发现属于自己的模式或标准"。[①] 哈贝马斯（Jürgen Habermas）所提及形容的"分崩离析"的社会时代即是 18 世纪，而启蒙运动也是因为这个时代的"分崩离析"而逐步开展的一场广泛而有力的思想运动。启蒙运动之宗旨是运用理性来破除宗教迷信和盲从，用科学知识来消除神话和幻想，使人摆脱蒙昧状态，达到一种思想与政治上的自主性。因此，现代性的基本蕴含

---

① ［德］哈贝马斯：《现代性的地平线》（中译本），李安东、段怀清译，上海人民出版社 1997 年版，第 122 页。

▶ 中国行政组织伦理的现代性反思与重建

就是启蒙与理性。马克斯·韦伯说过"我们的时代，是一个理性化、理智化，总之是世界祛除巫魅的时代；这个时代的命运是一切终极而最崇高的价值从公众生活中隐退——或者遁入神秘生活的超越领域，或者流于直接人际关系的博爱"。① 福柯（Michel Foucault）、德里达（Derrida）等后现代主义者视现代性为"启蒙理性的宏大叙事"，福柯则把现代性界定为一种"态度"，即思想和感觉、行为和举止的方式。启蒙运动产生了两个最主要的成果，那就是：科学和民主。用韦伯的话来说，这是一个"世界的祛魅"的过程，它改变了人们的思维方式与世界观，形成了人们的理性意识，这切中了现代性的本质意蕴。

现代性催生了人们的主体性意识，随之产生了现代的自由、平等、民主、博爱等价值观念，这些都统统成了现代资本主义社会的产生的思想基础，构成了哲学意义上的现代性的基本特征。就如哈贝马斯曾说，"这一时代深深地打上了个人自由的烙印，这表现在三个方面：作为科学的自由，作为自我决定的自由——任何观点如果不能被看作他自己的话，其标准断难获得认同接受——还有作为自我实现的自由"②。现代性攀建在了工业文明社会的基础上，依附科学技术、工业和高水平的物质生活；同时又把以人为中心的理性主义、个人主义与自由主义等以启蒙时代所确立的非技术因素作为自己的源头。从哲学的角度出发，现代性的内容就是

---

① ［德］马克斯·韦伯：《社会学文选》，牛津大学出版社1946年版，第155页。
② ［德］哈贝马斯：《现代性的地平线》（中译本），李安东、段怀清译，上海人民出版社1997年版，第122页。

第一章 行政组织及其现代特征

确立人的主体性和理性的过程，可以说，现代性从一开始就和主体——人的自由与解放紧密联系在一起。之所以将现代性理解为是文艺复兴以来人们在理性和主体性的基础上对世界加以认识和改造的思维与方法，主要是因为这种现代性所表现出来逐步在组织中的渗透而呈现的在其文化传统中内在生成的但又背叛传统的独特价值、意识特征或精神形式。

理性是现代性的核心概念。在前现代社会中，理性只是一种相对于感觉、高于感觉、能够把握事物本质与普遍必然性的认识能力。而到了现代社会，理性有了一种不同于前现代的特征，这时的理性不仅仅是一种认识能力，且是认识之源、价值之源。文艺复兴和启蒙运动就是人类对传统的剥离与批判，是对陈旧提出的质疑与反思。从笛卡儿（Rene Descartes）的"我思故我在"的命题开始，现代理性主义宣告诞生。以"理性"规定人性、以人性对抗神性，成了文艺复兴和启蒙运动的强大思想武器，随着启蒙运动的推进，哲学家们更为强调理性的作用。人类的"理性"的字眼在社会史上被高高地举起，并赋予了丰富的内涵。启蒙运动正是高扬理性的旗帜而蓬勃兴起的，"启蒙"是为了让人类增长知识，摆脱迷信和恐惧，成为自然界和社会历史的主人，培根（Francis. Bacon）的"知识就是力量"最能集中体现"启蒙"的这一根本精神。理性带来了人类对自身能力的再认识。对于"启蒙"，康德（Immanuel Kant）有过这样的论述："就是人们脱离自己所加之于自己的不成熟状态。"[1] 何

---

[1] ［德］康德：《历史理性批判》，何兆武译，商务印书馆1996年版，第22页。

▶ 中国行政组织伦理的现代性反思与重建

谓"不成熟状态"？康德认为："就是不经别人的引导，就对运用自己的理智无能为力。"① 在康德所阐释的理性，强调的是人们独立运用自己理性的一种能力，这是一种摆脱外在支配、不需要别人引导的自由自主的理性精神。也就是说，理性的积极作用就是"人"的发现：人们"发现"了自己。"理性主体性"的概念，是人类自我的存在价值和意义的实现的基础。现代性最注重的就是理性，尊重个人的认识，相信自己的认识能力，理性标志着人类自我挖掘、自我能力的推进与跨越。

现代性是以倡导人的自由理性为特征的，它把理性作为衡量和评判一切事物的尺度。康德将理性的能力与作用进行了系统的思考。在康德看来，理性应成为对自然和道德立法的核心，理性具有至上性，是认识和道德的最高根据。黑格尔在康德之后将理性概念推向顶峰，在认同理性是所有人类精神意识的最高成就及表现基础上，他将其作为一切事物的根据和标准："凡是合乎理性的东西都是现实的；凡是现实的东西都是合乎理性的。"② 理性在韦伯这里，成为衡量现代社会进步的标准。现代社会已经成为理性的社会，人们秉承理性的精神、原则与方法，并且也主张全社会应当以理性，而不是以信仰作为判断是非的标准。理性对人们生产和生活领域的全面控制，理性的权威在人们的心中被坚固地建立起来了。

现代性带来了个体的解放。个体的解放即人对自身的主体

---

① ［德］康德：《历史理性批判》，何兆武译，商务印书馆1996年版，第22页。
② ［德］黑格尔：《法哲学原理》，范扬、张企泰译，商务印书馆1961年版，第11页。

地位的确立和对现代社会人的自由本质的认同。可以说，现代性的根本标志是确立人的主体地位。现代的基本精神气质在文艺复兴以后得到了进一步的发展，推动着启蒙运动对自由、民主、平等和博爱的追求源自科学和民主的思潮，同时也使现代社会逐渐确立起人的主体地位、主客二分的思维方式以及对知识、自由等进步理想的追求。现代性的基本价值取向支配着人们的生活和社会的发展，现代性的理想推动着人们对未来的憧憬，这种理想的追求填充了上帝观念倒塌之后的空白，这对人类自身有着极为重要的意义。现代性的个体解放的基本特征就是自由，而这个自由是指个体的自由。人们渴望冲破传统的束缚，寻求自身新的价值取向，这即是自由。人类社会对自由的无限向往与启蒙思想家们对自由价值的高扬有着密切的关系。文艺复兴运动充分地肯定了人的价值，重视人性，成为人们冲破中世纪的层层纱幕的有力号角，使正处在传统的封建神学的束缚中的人们慢慢解放，开始从宗教外衣之下慢慢探索人的价值，人作为一个新的具体存在，不再是封建主以及宗教主的人身依附和精神依附，从外界、传统、社会中得到了个体的解放，得到了追逐自由与权利的空间。个体的解放代表着个人主义的生成。应该引起重视的是，现代性所指称的自由是个体的自由。"从哲学上说，个人主义意味着否认人本身与其他事物有内在的关系。即是说，个人主义否认个体主要由他（或她）与其他人的关系。与自然、历史，抑或是神圣的造物主之间的关系所构成"。[1] 在英国法学家梅因（Hem'y S. Maine）的观

---

[1] ［美］大卫·雷·格里芬：《后现代精神》，王成兵译，中央编译出版社1998年版，第4页。

▶ 中国行政组织伦理的现代性反思与重建

点中,"个人"不断地代替"家族"而成为民事法律所考虑的单位,用以逐步代替源于"家族"各项权利义务之上的相互关系形式的就是个人与个人之间的"契约"。梅因这一被誉为"全部英国法律文献中最著名的"现代性命题,被亚伦(Carleton K. Allen)诠释为"个人自决的原则。把个人从家庭和集团束缚的罗网中分离开来;或者,用最简单的话来说,即从集体走向个人的运动"。[1] 因此可以说,现代性对主体的理解要经过一个由群体主义到个人主义的转变。现代性的自由价值取向,为后来西方自由主义的兴起和发展奠定了基础。

对于现代性的研究是充满了争议的。现代性一方面是理性的反思让人类追求自由与解放,另一方面是枷锁,人类更加的被理性所束缚了。理性的运用本是人类达到自身目的的手段,但是现在手段却成了目的,真正的人类的目的却被边缘化。这不仅仅造成人与自然关系的紧张,而且造成了人与人关系的紧张。这就是战争、大屠杀、生态危机、恐怖主义、核危机等"现代疾病"得以诞生的原因。现代性问题是21世纪的时代问题,人们对现代性问题的实际感受在逐步加深,价值的失范、人类活动空间的压缩与延展、主体的焦虑、自然环境的破坏与失衡等一系列问题都是人类关注的焦点,学界也需要不断创新和丰富现代性思想的理论成果,在理论上做出对现代性危机解除的尝试。

---

[1] [英]亨利·詹姆斯·萨姆那·梅因:《古代法》,沈景一译,商务印书馆1995年版,第18页。

## 2. 行政组织的现代性特征

随着人类现代化进程的不断深入，现代性在社会中行政组织也必然随着时代的变迁而必然出现一个客观演变过程。"每个文明都有支配其发展的一套规则或范式，它是由该文明的生产方式决定的，并不断地规范或操纵着社会生产生活的所有活动。"[①] 社会的变迁、人类生活方式的巨大变化在客观上需要社会活动的组织方式和管理方式相应地发生变化。这个转变的过程发端于组织所依赖的环境的变化与生产组织方式的变化，这种转变既是传统的延续，也在其中呈现了社会发展中的新特点。这种特征，在中西方的行政组织中都存在着一些共性。

行政组织内分工高度细化。由传统社会向现代社会的转型过程中，整个人类社会的分工也发生了翻天覆地的变化。分工和工作的专门化带来了生产效率的大幅度提高。马克思对分工的分析这样描述道："每一种操作都形成一个工人的专门职能，全部操作由这些局部工人联合起来完成。""这种分工是一种特殊的协作，它的许多优越性都是由协作的一般性质产生的"。[②] 分工增进了效率，造就了工业时代的辉煌文明，同时，也使分工解决问题的方式侵入社会生产生活的各个领域，成为一种工业化时代具有普适意义的价值观和准则。与社会分工相对应的，行政组织的内部分工也呈现出高度细化的特点。在传统社会，严格的精细分工并不是完成任

---

[①] ［美］阿尔文·托夫勒：《第三次浪潮》，黄明坚译，中信出版社2006年版，第30—39页。

[②] 《马克思恩格斯选集》（第五卷），人民出版社1995年版，第390页。

务的最主要方式，一项工作通常可以由一个人完成也可以由一群人完成，人与人之间的分工界与职责界限并不过于明显。因此，传统的家庭作坊在社会中普遍地存在着，一个家庭就是一个小而完整的工作链条，家庭中的每个人都既有自己的分工，也可以随时"客串"其他人的所有分工。而在现代社会中，一项工作任务的完成需要多个部门和环节的彼此之间高度协作，人与人之间的职责定位是非常精确的，每一个既定的精确职责定位构成了整体得以运作和完成的链条，各自独立却又紧密联系。而分工思想逐步成了工业化时代处理问题的主要思维模式，这种思想也影响了行政组织的工作思维。行政组织解决问题的假设是组织面临的任何任务或问题都可以加以精准的分解，并且可以通过专业化、标准化和集中化的方式进行解决，即通过分工达到合作。现代行政组织解决问题的过程可以逐步分解为发现问题、分解问题、协调人员、解决问题的"分而治之"的方案。而专业化、标准化、集中化处理问题的方式在行政组织解决问题的过程中确实也有着非常明显的效果。这成为工业化时代最为典型的解决问题的思路和方式。

  这种明显的效果在韦伯所设计的理想官僚制中得到了最大的诠释和体现，现代官僚制正是理性主义的发展和社会分工的结果。现代社会中的行政组织选择采用了以机关等级制和职务等级制为典型特点的官僚制，按权力自上而下排列成严格规定的等级层次结构体系，并按等级赋予相应的权力。官僚制组织是一个等级实体，严格执行等级和权力相一致的特征。这种设计有助于摒弃组织管理和组织系统中的混乱现象，提高行政组织的行政效率。在这样的一个等级实体中，行政人员在法律规定的范围内，审视个人的权威与责任，对职位依次进行等级排列，形成一个指挥统一指挥的链条，下属必须接受上级领导的命令与监督，上下级之间的职权关系严格按等级进行划定的制度。

行政组织的职责专业化。专业化成为现代性的背景给行政组织带来的明显特征，也是必然产物。首先，专业化是高度细化的分工带来的趋势。随着分工的逐步精细，专业化的需求变得越来越紧迫和强烈。在现代行政组织中，每一个组织成员的分工都被严格地固化，职责权限需要以法规形式进行清楚的划定。在注重功能交叉作用的同时，组织根据工作类型和目的对每一个工作单元进行具体的工作划分，剔除重复部分。因此，每一个组织成员按照组织的分配，按分工履行自己的职责，这种组织分工要求行政组织中的个体能够全身心地投入公务活动，职务就是"职业"，就任职务就要承担一种忠于职守的义务，履行与他人不同职责的过程促进了专业化的过程。

其次，专业化同时也是行政组织中高度分工化的结果。高度分工带来了岗位领域的细化要求随着现代社会的科技发展，岗位专业化的需求越来越高，高科技的使用为专业化的深入提供了有力的保障。科技发展为每一个领域、每一个岗位职责的更深入研究和实践奠定了基础，当分工越来越细，行政组织开始追求系统运转和处理事务的更高效率，也追求服务的更高质量。组织中的个体以各自的岗位需求为阵地，成为各自分工板块的高精尖人才。组织会通过训练掌握专门的技能，加强技术专长及业务能力的培训为主要抓手和载体，使得组织内部的各个岗位的人达到职业化与专家化的发展趋势。

行政组织的工作要求规则化。现代行政组织逐步演变成一种由规则连接起来的组织结构。行政组织的效率理性就是在遵循规则的基础上得以实现的。这种相比传统行政组织更突出的规则化表现在更加完备的规则体系和程序结构的制定与使用上，使得组织行为是有意识的、理性指导的行为，这些规则框架为组织决策和组织成员的行为提供了合法性基础，为参与者对其过往行为的评价提供了理性依据。行政组织通过这些规章制度的强制性推行使用，使行政组织成为自控自觉的行为主体。

对于具有官僚制特征的行政机构来说，规则体系和程序结构的公正合理性是不可缺少的。公务人员管理行为的权力限度和责任限度由规则体系确立，公共管理活动的行为序列由程序设计确立。正如阿瑟·奥肯（Arthur M. Okun）对行政组织的规则所做的描述一样，他认为规则就是政治决策者的责任，要小心谨慎，要避免反复无常，要考虑它们采用的条款可能产生的利益或影响的全部范围，还要防止滥用纳税人的钱。现代行政组织更加注重按照运作机制中的劳动分工来确定行政人员的职责领域，同时制定一套严密的规则程序来指导组织及其成员的行政行为，并且有必要的强制手段，就其使用的条件也予以详细规定的制度，以保证整个组织工作的明确、合理、合法、连续性。韦伯认为，这样的设计有助于组织管理手段的合法性，提高组织的权威性。

规则性的另一方面含义表现在对规则与程序的遵守上要求公共管理行为一视同仁地对待相同的情境，并为不合理的管理行为提供了惩治的客观依据。行政组织以规则来规范的不仅包括对于服务对象的工作程序设计,同时规范了组织及其成员的行政行为,以避免个人情绪和偏爱等非理性因素影响组织的理性决策,确保组织目标的实施。对于个体来讲,行政组织在一定程度上挤占了组织中的个体、情感以及对人生价值的思考空间。同时也要求公与私有一种明确的界限,组织成员间是一种对事的公务关系,处理组织事务时只需要考虑其合法性、合理性、正当性。

行政组织不断增强的法律化程度。法律化是现代行政组织发展中越来越明显和重要的特征。由于具备了更完备成熟的法律和规则,使得整个体系的运行建立在符合理性的法律、规章、制度之上,有力地克服了个人主观臆断、感情用事等专制思想,使社会治理从传统行政组织的人治和专制不断走向法治。规则与制度的执行既然有着强制性,那么对于规则体系的设计就有了合法的内在需求。合法性是这种管理有着良好的秩序的保障与基础。

现代理性的行政组织不仅需要先进的技术,更需要一个按照一视同仁的形式办事的行政机关和可靠的法律制度;离开理性的行政组织的管理和法律制度,就绝不会有理性的、规范化的社会。现代社会是法治社会,行政组织有责任也有义务维护国家的法律秩序,维护法律的权威性与严肃性。行政组织在执行公务的过程中,要严格依法行政。同时,行政组织要为自己的行为承担法律的责任,真正做到违法必究。法治政府是对有限政府、诚信政府、责任政府等诸多命题的较为科学、完整而成功地统摄与整合,有着深厚的理论内涵。法治政府不再是"任性的政府",而是"理性的政府",

▶ 中国行政组织伦理的现代性反思与重建

是理性在政府治理过程中的运用。高度法律化在行政组织中的贯彻和实现，是行政组织按照宪法和法律办事的保障。我国在党的十八届四中全会中通过了《中共中央关于全面推进依法治国若干重大问题的决定》，依法治国是我国宪法确定的治理国家的基本方略，能不能做到依法治国，关键在于能不能依法执政。唯有如此，才能真正避免国家治理受到个人意志和个人主张的干扰和阻碍，让国家的政治与经济以及社会治理在法律的保障下充分依照人民意志和社会发展规律正常进行。

行政组织的高效率。科学技术的高速发展为行政组织效率的不断提高提供了技术上的可能性。行政现代性的主要特征在实质上说就是改变行政组织管理模式下的国家与社会的关系。在传统的官僚政府管理模式下，国家与社会的关系是"强国家弱社会"，国家干预社会的程度极高，国家的政策看重的是分配而非效率。由此可见，发达国家行政改革的策略有一个共同趋势，就是要逐步改变国家与政府对社会的干预程度，提高政府的行政效率。行政组织的高效率也是工具理性在现代社会中的具体体现。在工业文明中，人类工具理性的膨胀带来的是对利益的追逐，效率的考量首当其冲。作为现代社会的治理机器，官僚制倾向于将所有社会问题归之于行政问题，用技术的语言翻译并处理行政所面临的任务。行政的技术化所要求并最终所达到的状态是精确、统一和严格，这样，官僚制为行政行为的高效率和控制的有效性提供了组织上的保障。行政组织的高效率才会带来社会的高度有效运转，因此高效率既成了现代行政组织的突出特征，同时也成了现代行政组织的目标与追求。

## 第一章 行政组织及其现代特征

进入信息化社会之后的现代性有了更加丰富的内涵和表征。新媒体时代开启了人类社会生活范式和思维模式的新篇章。在"互联网+"笼罩的现代社会里，互联网技术的逐步成熟以其迅速、便捷的特点覆盖了社会生活的各个角落，互联网在社会生活中的广泛使用呈现了一个越来越多元化发展与覆盖的不可逆态势。各国的行政组织也在使用互联网技术及搭建互联网平台方面的努力与效果让人有目共睹，"智慧城市""电子政务"及O2O服务系统等诸多先进科学技术为行政组织的工作方式注入了新鲜的元素，提供了更为便捷的工作平台，在满足人们便捷多元需求的路上愈走愈远。互联网改变了人类生活方式，也改变了行政组织的工作方式和思维方式，甚至带来了诸多关于价值、道德问题的质疑与讨论。但是不能忽略的一点是，互联网让行政组织工作的更高效率运转带来了进一步提升的可能性。应该说，进入现代性社会的行政组织，深刻融入了现代社会科技发展的诸多技术因素，有力促动了行政组织的高效率。

行政组织的科学化。行政组织的科学化包含了一系列的内容：科学的行政体系、行政体制、行政组织结构的设计和行政行为规范的建立，同时包含了对行政的个体人员的科学观念以及行政组织的科学化管理等。行政组织的科学化与现代性的特点是呼应的，现代社会科学技术的迅猛发展给各个领域都带来了翻天覆地的变化，行政组织跟随这种变化，也将科学的方法和理念充分地运用在了行政组织的各个领域。与传统行政组织相比，现代行政组织的科学化水平大大提高，就社会的发展趋势看，现代行政越来越重视其科学性。这其中表现在：要求行政体制的设计最大限度地满足社会的需要，要求行政组织结构合理，要求行政行为高效。科学化水平的提高必然会带来更高的效率和更高的法制化、民主化的水平，公共行政的法制化和民主化为行政人员科学观念的树立，提供了广泛的支持，同时，法制化和民主化也为公共行政的科学化提供了健全的保障机制，使公共行政中的一切不科学的因素都能够得到及时的发现和纠正。当然，行政组织的科学化不仅是其法制化和民主化的必然结果，公共行政的科学化也会进一步促进法制化和民主化的进程，并为法制化和民主化提供科学支持。行政组织科学化促进了其法制化的进程，两者是相互促进、相互统一的。

行政组织在现代社会中呈现的新特点无不体现了现代性的特色，即现代行政组织也是同一种理性主义精神的产物，它的扩张变动的过程就是现代化的进程本身。其本质而言，韦伯的官僚制体现了一种对理性化的规范性统治与管理体制的选择与追求，韦伯以理想型的方式所刻画的官僚制是一个排除个人的情感、冲动与意志等主观非理性因素的组织，抛弃了经验管理过程中的人为因素和人治因素，避免了任性专断和感情用事，是属于目的合理性的管理行为，体现了科学精神、法制精神和理性精神，从而带来了行政行为的理性和效率。现代官僚制同传统行政组织相比，最大的长处就是为行政管理提供了行之有效且可持之以恒的手段。官僚制崇尚法理型权力、专业化、权力等级、规章制度和非人格化的基本特征，这些基本特征根植于现代性的土壤。现代行政组织为行政行为的高效率和控制的有效性提供了组织上的保障不断增进的精确性、稳定性和高速度，它所采取的管理形式本身就是一种严格的官僚制组织，而这种在企业管理中运行的组织加速了整个资本主义社会行政管理部门的官僚制化，并为后者提供了常常引以为鉴的范式，以至于时至今日，"我们对公共行政组织的改造仍然不时向它求助"。[①] "一种文明的社会——经济结构及其文化之间的关系，可能是所有问题中最为复杂的一个"，[②] 但并不能因为它们之间关系的复杂而否认这种关系的存在。身处现代与后现代交汇中的我们，要全面地了解和深刻地分析现代社会中的行政组织的变化和特点，为现代行政组织伦理的研究奠定基础。

## 第三节 中国的现代行政组织

对中国现代性的研究，是中国社会主义现代化建设的现实需要，也是马克思哲学的实质使然。肇始于欧洲的现代性席卷了世界，无论我们接受与否，它都以迅猛的速度在不断前进。就如马克思曾经说过的"正像它使农村从属于城市一样，它使未开化和半开化的国家从属于文明的国家，使农民的民族从属于资产阶级的民族，使东方从属于西方"。[③] 这是一个无法否认、不能改变、只能接受的社会事实。中国的现代性建构是一个艰巨的、复杂的、长期的过程。这种艰巨、复杂长期源于现代性在中国的后发性，也源于中西方文化与传统的根源性差异。东西方文明是异质的，发端于西方的现

---

① 董建新、胡辉华：《行政伦理研究》，知识产权出版社2009年版，第88页。
② [美] 丹尼尔·贝尔：《资本主义文化矛盾》，赵一凡等译，生活·读书·新知三联书店1989年版，第79页。
③ 《马克思恩格斯选集》（第一卷），人民出版社1995年版，第276页。

▶ 中国行政组织伦理的现代性反思与重建

代文明,在植入中华文明的时候,既有排斥和对立,也有融入和发展。我国学术界近些年以来,以马克思主义理论为基,充分吸收和借鉴国内外的有关现代性的理论成果,深刻揭示了现代性的中国内涵与时代表达,推动了中国现代性问题的问题探讨和理论创新。研究现代行政组织,离不开对现代性的内涵的把握,也离不开对中国的传统文化的发展脉络的把握,更离不开对中国特色的社会主义实践发展的把握,只有将三者结合起来,才能真正了解和掌握中国现代行政组织的特点。

### 1. 中国的现代化进程

现代性在中国的发展进程与西方是不同的。虽然学界对于中国的现代性的研究有较大分歧,但是在这一点上趋于一致。在这里,首先要将两个被普遍性混为一谈的概念做一说明,即"现代性"与"现代化"。应该说,现代性和现代化是两个有着明显区别的概念。现代化通常指的是现代文明的硬件:制度、器物、社会结构、生产方式等;而现代性则是一种特有的思想文化方式、态度、倾向、价值体系,是隐性的,是软体,所以它才会在学术界的研究中产生了较多的歧义。现代性与现代化之间有着必然的紧密联系,但这种联系不能被理解为单线直接的因果关系。这是因为,现代化的许多东西是普遍相同的,但现代性则不同,现代性不但有地域的区别,而且有时间的区别;不同国家的现代性表现出不同的特点,而这些特点对现代化的推进过程当然会有直接的影响。反之,现代化进程的推进程度也会影响现代性的内外在表达。因此,现代化若是有一套相对统一的衡量标准,现代性则是一个复杂、多元的意指符号。

20世纪90年代以来,现代性的研究随着中国社会主义现代化的进程的推进而走入了学者们的视野,在对中国现代性的探索与研究中,出现了现代性的一元论和多元论的观点。刘小枫的一元论旨在说明现代性是指西方启蒙以来的现代性观念本身,中西方不同的文化本性冲突,并不代表是现代性的差异。在其《现代性社会理论绪论》中指出:"由于现代化过程在中国是植入型而非原生型,现代性裂痕就为双重性的:不仅是传统的与现代之冲突,亦是中西之冲突。"[①]他的这种观点意在向我们表达中国的现代性与西方的现代性是同质的,只是开始时间的早晚不同,而现代性本身是没有区别的,中国的现代性随着西方的现代性的植入而植入。刘小枫的现代性观点坚守了现代性的一元性,从根本上说,他认为现代性所指的是在西方文化背景下具有启蒙意义的精神,中国的现代性也应该是具有启蒙意义的精神。著名学者汪晖提出一种"反现代性的现代性"理论与刘小枫坚守现代性一元论相反。"反现代性的现代性"是对一种选择的不确切定义,他认为,西方的现代化理论是大概念,是资本主义发展的逻辑过程,而中国的现代性不同于西方的现代性,中国的现代性是从属于西方现代性理论的,它只是要改变普遍的经济落后状态,在其他方面是很少论及的。因此说,现代性的选择对中国而言是不存在抽象的现代性,是不同于西方形态的现代性。现代性只能存在具体的现代化实践之中,不同国家的现代化实践不可能完全相同,现代性当然也是不

---

① 刘小枫:《现代性社会理论绪论》,上海三联书店1998年版,第2页。

▶ 中国行政组织伦理的现代性反思与重建

同的。

"中国的现代化运动，本质上，是一种文化的与社会的变迁。也可以说是中国文化与西方文化'会面'后中国文化的一种'形变之链'的过程"。[①] 中国的现代化过程注定是与西方资本主义不同的一条新路。我们甚至无法预测，若无西方列强的坚船利炮打开中国的传统之门，中国会在帝国架构中继续存续多久，亦然无法判断中国会从何时自发进入现代化的建设之旅。中国科学院中国现代化研究中心发布了《中国现代化报告2013——城市现代化研究》，在报告中梳理了中国现代化的主要阶段。报告指出，目前中国学术界比较普遍的看法是，中国现代化可以分为三个阶段，它们是1840/1860—1911年、1912—1949年、1949年至今。第一个阶段是清朝末年的现代化起步，第二个阶段是民国时期的局部现代化，第三个阶段是新中国（中华人民共和国）的全面现代化。可见，中国的现代化经历了封建制度下的现代化、资本主义制度下的现代化和社会主义制度下的现代化过程。历史无法改变更不能用来假设，我们必须面对的现实是，中国近现代史既是英勇奋斗、艰苦探索的历史，也是中国人从被迫进入现代化到主动全面进入现代化的历史。一个国家的现代化发展道路是可以根据国情选择的，中国的现代化发展模式对后发国家实现现代化有重要意义。总体来看，中国的现代化进程呈现出以下几个特点：

（1）中国的现代化进程是从被动向主动的选择过程。无论从理论还是实践而言，现代化都并非只有一条道路，晚清

---

[①] 金耀基：《金耀基自选集》，上海教育出版社2002年版，第8页。

第一章 行政组织及其现代特征

开启的中国现代化，也就是 1840/1860—1911 年的现代化，是为适应西方通商（前期）和殖民（后期）要求而被迫进行的现代化。从当时中国所处的社会状态和内部结构来看，并没有现代化产生和发展的因子，即便有，也处于不成熟、比较弱小的萌芽状态。换言之，若没有西方文明的强势攻入中国，按照中国自行的发展轨迹来判断，不会在较短的时间里逐步孵化和孕育出现代化的种子，即便是有，也势必经历一个非常漫长的过程。因此，我们可以判断，中国的现代化过程发端于被动的现代化。这个过程在日本第二次全面侵华后有了改变。一方面，是原有的现代化进程——鸦片战争之后，"师夷长技以制夷"的发展思路已经随着日本侵略的全面深入而无法按既有路径走下去；另一方面，当西方列强把现代化因子带入中国后，随着接受现代知识和文明的人越来越多，中国社会内部的自主因素也在增强。这样，对中国的现代化而言，就提出了一个从被动向主动转换的要求，也即根据中国自身的国情，自主地探索现代化之路成为当时众多知识分子救亡图存的必然选择。"纵观中国现代变革的全过程，鸦片战争以后，中国的传统发展轨道已被打破，开始纳入现代世界发展的大潮之中，因此，中国的半边缘化和革命化，实质上都是中国现代化总进程中旧体制向新体制转变的特殊形式。就现代化的特定意义而言，在 19 世纪后半叶，它只是中国近代社会大变动诸流向中的一个流向；到本世纪初清王朝解体，现代化才异常艰难地上升为诸流向中带有主导型的趋势"。[①] 当现代化成为中国的一种主动追求之后，中

---

① 罗荣渠：《现代化新论》，北京大学出版社 1993 年版，第 243 页。

国的现代化建设经历了从"学徒状态"向实现自我主张的伟大历程。现代化建设的"学徒状态"是充分了解、吸收世界现代化经验的必然之路，只有了解才能深入，只有吸收才会转化。认真学习外界经验则成了现代化建设的"学徒"，而"学徒状态"并不是最后的目标，其是为了实现自我主张而奠基。实现中国在现代化建设中的"自我主张"则是将世界经验与中国实践相结合，创造出中国现代化建设发展的"中国特色"与"中国经验"，这便完成了从"学徒状态"向实现"自我主张"的转换。

（2）中国的现代化是从局部走向全部的过程。在学界的研究中，对于中国的现代化进程的起点有较大争议。中国现代化历史进程自从开启以来，尽管受到了外部与内部等诸多因素的阻碍，表现出片面性与时断时续的特点，但是，现代化运动一经发动，就成为中国近代社会发展不可逆转的主题。从18—19世纪开始，清政府是在与列强的对抗中，认识到国力不足无法抗拒外侮，故而要"师夷长技以制夷"。民国政府以英美为师，企图以官商结合的官僚资本来实现工业化，最后以失败而告终。在艰苦卓绝的斗争中，以毛泽东为代表的中国共产党人摸索出适合中国特点的新民主主义革命道路，终于推翻了帝国主义、封建主义、官僚资本主义"三座大山"，建立起人民当家做主的新中国，并在胜利地完成民主主义革命的任务之后把中国引向社会主义发展道路。我们认为，在1912—1949年阶段的现代化，是中国局部的现代化。北洋政府时期、国民政府早期和战争时期都分别在政治、经济、社会和文化方面有过推进现代化建设的尝试和举措，但并非是全面的现代化时期。在新中国成立初期，则全盘接受苏联模式，以高积累、低消费的方式来完成工业化，并过多地从阶级斗争出发，以计划的模式来调节和建设国家经济，实践的结果也是不成功的，并为此付出极大的代价。但是，即便这些现代化的尝试都付出了沉重的代价，我们也不能否认每一次尝试所遗留的思想的种子和现代化建设成果的铺垫。面对近代中国社会的磨难和选择，中国共产党人把俄国十月革命后学得的马克思列宁主义，结出了中国化的成果并用以解决中国的现代化建设问题。一直到了20世纪80年代，以邓小平为首的中央第二代领导核心，才将中国的发展真正纳入全面现代化建设的轨道上来。源于中国不同于其他国家的历史文化与发展状况，中国现代化呈现了从局部走向全局的过程，必然走出一条不同于西方资本主义的新路。

（3）中国的现代化是从世界眼光出发又回归中国情怀的过程。马克思曾经说过"每一民族同其他民族的变革都有依存关系"[①]，随着现代大工业的世界分工的兴起和资产阶级时代的到来，打破了各民族的原始闭关自守状态，现代化带来了世界交往的普遍发展。在意识到这一点后，现代化在中国的发生和发展构成了中国近现代历史的长卷和主线。百余年来先进的中国人梦寐以求的理想，是把一个落后的中国引向现代化的中国，走向民族的复兴。中国现代化进程"九死一生"，终于变成了全民族的一项宏伟工程。近代中国无论面对多少问题、困难和波折，而不断地与世界发展融为一体始终是近代中国的发展主题。从时代背景上看，中国作为一个后发型现代化国家，社会生活内部包含前现代、现代、后现

---

① 《马克思恩格斯选集》（第一卷），人民出版社1995年版，第40页。

▶ 中国行政组织伦理的现代性反思与重建

代等多重因素，中国的现代化的进程面临着多维的建设任务。承认并正视现代性在中国的发展相对于西方的晚近，这是中国的现代性的问题研究的基本前提。但是必须指出的是，现代社会为人类文明的发展提供了动力支持，现代性在中国的渗透与融入既是社会发展的必然趋势也是现实发展的迫切需要。追赶是中国走进现代化的第一步，但是并不是全部。"现在发展中国家研究发展战略并不仅是要研究发达工业国的历史经验或现代化模式，也不仅是要研究当前面临的种种发展问题，而且还必须研究世界经济可能发生的变化以及工业社会的发展趋势，做出科学的预测，否则，将永远只是跟在先进国的后面追赶"。[1] 如果说从传统走向现代的转变是人类社会发展的不以人的意志为转移的发展趋势和不可改变的选择，那么各个国家需要做的就是选择一条怎样向各自的传统社会走向现代社会的道路。利奥塔（Jean-Francois Lyotard）曾经说过现代性是一种思想方式，同时也是一种表达方式和一种感受方式，那么在全球一体化的趋势中，要想与世界有着平等的对话，形成相同的表达方式是形势使然。各国现代化的进程，既是争取与日新月异发展的世界保持同步发展的过程，同时也是将民族的融入世界的过程。然而融入并不意味着湮灭了自己的特色，恰恰是在世界化的过程中凸显自我特色。每一个经受现代化洗礼的国家与民族既能融入全球一体化的整体，也能在整体中发出不同于其他国家和民族的声音，这是一个国家和民族真正现代化的标志。胡适

---

[1] 罗荣渠：《建立马克思主义的现代化理论的初步探索》，《中国社会科学》1988 年第 1 期。

曾说过只有"充分的世界化"才会有真正的中国特色。真正的中国特色，若不经受充分世界化的洗礼，也难以说明具有真正的中国特色，更不会有持久的生命力。

从中国现代化发展实践来看，中国的现代化建设与西方的现代化有着很大的差别。中国现代化建设具有自身的特殊性，这是由中国国情的具体性决定的。比如政治体制上的一国两制和民主集中制；经济体制上所实行的多种所有制并存形式都突破了西方经典现代性形态的框架。中国的现代性问题正是处于西方后现代对现代性的批判与现代化的建设之中的夹缝之中。既要随着现代化的发展而拥抱现代性，又要跟着后现代理论而批判现代性。中国现代化建设处于现代和后现代之间，因此处于比较复杂的状况。要面对着自身现代性的进程的不同步性，也要面对全球化趋势与本土文化的冲突。作为社会中普遍存在的行政组织，在现代社会中也有与传统的行政组织不同的鲜明特征与特性。我们对现代行政组织做深入的探讨与研究，就是既要呈现行政组织在现代社会中的共性，同时也为行政组织在中国的现代化进程中的问题提供参考。这也是本书的初衷与意旨。

### 2. 现代社会的中国行政组织

与中国的现代化发展进程一样，中国现代社会的行政组织与西方的理性官僚制也有所不同。讨论中国的行政组织伦理的问题离不开对中国行政组织的状态的分析，就必须回到中国的语境与现实状况，不能脱离中国的历史传统和现实境况。现阶段中国的现代行政组织呈现了四个主要的特点。

第一个特点是，中国的行政组织还不能完全脱离我国传

▶ 中国行政组织伦理的现代性反思与重建

统官僚制的影响。在中国，官僚制作为一种组织形态的历史比较悠久。传统中国思想以诸子百家的诸神之争到汉代的罢黜百家独尊儒术，一方面张扬了儒家的家国同构的价值理性，另一方面在其政治维度上也体现了治国的工具理性。但是中国传统的官僚制实质是"一种建立在宗法和血缘关系上的形式化的前官僚制，与适应工业社会和市场经济的官僚制相比，其发展程度严重不足，主要表现在缺乏现代理性精神"①。在中国的传统行政管理领域，一直存在着泛道德主义倾向与泛家族倾向。泛道德倾向是过分追求行政事务处理过程中的道德原则和行政人员的道德素质，而舍弃行政实践中的法治规则和法理精神，崇尚人治和道德行政的行为。泛家族倾向是传统中国"家国同构"，国家统治和政府管理的诸多原则只不过是家族管教方式的放大和延伸，尊崇"对人不对事"的原则，任人唯亲，逃避非人格化的制度约束。日本明治时代学者福泽谕吉在《文明论概略》中总结道，实现现代文明的具体进程为"首先变更人心，然后改革政令，最后达到有形的物质"。这种传统的官僚制一直不能完全摆脱的主要原因就是中国传统文化的渗透力影响深远，中国一直延续几千年的帝国架构已经形成了一套固有的官僚体制运行标准、文化规则，传统的影响在短时间内很难消除。在新的规则体系下，传统中的优良美德应该发扬，但是在现阶段行政组织的工作中也要不断加入现代性的因素，也应摒弃传统文化中已经与社会发展不适合的部分，形成新的时期传统与现

---

① 娄峥嵘：《公共管理理论在中国的适用性分析》，《公共行政》2006年第6期。

第一章 行政组织及其现代特征

代融合的完善行政体制和规则。官僚制的整个进化是一个复杂的历史过程，代表西方路径的主要是以欧洲为主体向度，是在资产阶级同封建贵族的斗争中实现了现代官僚制的转折；而中国并没有实现如此路径的历史。虽然西方资本主义所实现的官僚制并不纯粹是韦伯所确认的理想类型，这种理想类型"在历史上没有任何一个是以'纯粹'的形式出现过"[①]，但它必定实现了现代转型。所以，我国行政改革必须摒弃封建行政制度和计划经济的影响，在适宜的范围内，建构适应工业社会和市场经济的现代型行政组织的制度。

第二个特点是，中国当前社会的区域发展的非均衡性特征明显，中国整体的现代性社会还并没有真正形成。中国的现时代是一个兼具农业文明发展至工业文明、跃升至信息文明、提升至生态文明的同时间、共空间的综合社会变迁过程。农业文明的深厚底蕴与思想牵绊、工业文明的蓬勃活力与体制弊端、信息文明的异军突起与秩序紊乱、生态文明的时代召唤与建构艰难，导致中国特色社会主义道路建设和发展既要兼顾不同发展阶段的层次性与顺序性，又要推动社会发展趋向的合理性与时代性，还要处理由此引发的诸多社会问题和矛盾。集中形容，就是当前中国社会的整体复杂性，使得坚持和发展中国特色社会主义成为一个超级复杂的系统工程。根据中国当前的社会发展状况，我国仍然处在从农业社会向工业社会的过渡阶段，但是有些发达地区已经率先进入了信息社会，在全国乃至全世界都保持着某些领域的领先

---

[①] ［德］马克斯·韦伯：《经济与社会》（上），林荣远译，商务印书馆1998年版，第242页。

地位。全国整体地区、行业之间的发展差距很大，非均衡性的特征明显，全国兼具几种不同的发展模式和发展类别，距离全面建成整体的后工业社会还有些差距。对于我国的行政模式选择，官僚制仍然是一个可行的方案，因为它符合我国当前的发展阶段和发展要求。盖伊·彼得斯（B. Guy Peters）的提醒应该说是一针见血，"对于体制转变中的国家和发展中国家而言，在追求政府部门最大化经济效益的同时，必须重新建立一个可被预测的属于全民的、正直的、韦伯式的官僚政府"。① 因此，面对社会发展的不均衡，从实际情况出发，在中国这一发展阶段不能盲目地提出"超越官僚制""彻底抛弃官僚制"的观点，不可对西方的各种理论亦步亦趋，凡事应比照当前中国的实际，切不能盲目推崇和移植，但是也不能忽略现阶段我们已然出现的问题。应实事求是地审视我国存在的问题，以马克思主义理论为指引，提出可行的社会主义国家的解决方案。

第三个特点是，没有一套现已成型的现代行政组织管理运行机制与体制可以直接拿来为我国所用，只有在发展中不断探寻适合中国国情的现代组织建设之路。行政组织的体制改革就是行政组织这个主体自觉适应社会环境的过程，行政组织应该适时进行变革以适应政治、经济、社会环境、文化的变化，使之嵌入所在社会的发展过程。正是由于历史、文化的原因，我国行政组织面对的困境与发展状况与其他所有国家都不尽相同，因而也没有一套成型的现代行政组织管理

---

① ［美］盖伊·彼得斯：《政府未来的治理模式》，吴爱明、夏宏图译，中国人民大学出版社2001年版，第10页。

第一章 行政组织及其现代特征◀

体制机制能够照搬照抄,并能够在短时间内迅速适应中国发展现状而且得以解决中国的所有现代性问题。从世界的范围比较分析来看,各国的行政组织成功的运行模式都有其深厚的国情背景为土壤与较长时间的调整适应过程,而那些不顾本国国情的全盘照搬照抄与故步自封的盲目排外都不是实事求是的做法,结果自然不能都尽如人意,甚至会出现"排异反应"导致社会发展的停滞和后退。现代化发端于西方,西方国家必然有先于中国几百年的对现代性的理解与摸索,我们要借鉴西方国家在官僚制中对现代性的充分融入与运用的各要素;而中国的发展实际又遗留了近现代历史发展的深刻烙印,地域与文化也是中国发展必须参照和研究的重要因素。因此,分析了中国的国情、历史、文化、现状的各因素,从社会主义社会制度的本质要求出发,借鉴世界上已有的行政组织的管理理论,从现代化的视域下探索中国行政组织的发展之路,为中国全面建成小康社会以及实现中华民族的伟大复兴保驾护航。

  第四个特点是,中国的现代行政组织理论问题的研究不是一劳永逸的,而是需要不断调整完善的变量。"不论是发达国家还是发展中国家,它的生存和发展在很大程度上都要取决于它在世界市场上的新的适应性和竞争力"。[1] 这些新趋势是过去历史时代中没有过的新现象。现今世界上所有国家都只有不断发展并不断调整与改革才能生存。发展与变革都是由问题倒逼而产生,又在不断解决问题中而深化。在中国

---

[1] 罗荣渠:《建立马克思主义的现代化理论的初步探索》,《中国社会科学》1988年第1期。

▶ 中国行政组织伦理的现代性反思与重建

改革开放30多年来，我们就是针对发展中的问题不断调整和变革行政组织的制度安排。从管理到治理，从无限政府到有限政府，从全能政府到责任政府，乃至现在提出的法治政府建设都标志着中国的行政组织改革之路一直紧随中国深化改革的步伐而不断调适做出有力的呼应，达到为执政党的政治主张得到广泛有效的贯彻的目标。在这个过程之中，从社会生产实践中发现问题，从而解决问题，在认识世界和改造世界的过程中，旧的问题解决了，新的问题又会产生，制度总是需要不断完善。中国在社会主义现代化建设中的改革既不可能一蹴而就、也不可能一劳永逸。相应地，中国行政组织的改革也不可能一步到位，而注定是不断进行的动态调整过程。这种动态调整以契合社会发展、实现人民利益的价值理念为根本引领，以解决社会问题和促进社会发展为根本目标，与社会的变革相伴相随，既是发展之路，也是调整之路，是一个长期的过程。党的十八届三中全会指出，全面深化改革的总目标是完善和发展中国特色社会主义制度，推进国家治理体系和治理能力现代化。习近平总书记曾经指出，创新社会治理体制是推进国家治理体系和治理能力现代化的重要内容。中国行政组织要彻底完成从传统向现代转型就必须坚持马克思主义群众观点，即坚持人民是历史创造者，坚持人民主体地位，这也是马克思主义政党同其他政党的根本区别之一。中华人民共和国成立后特别是改革开放以来，我们党在社会建设理论和实践方面进行了不懈探索，对社会建设任务和规律的认识越来越深入、把握越来越准确、运用越来越科学。党的十六届三中全会提出完善政府社会管理和公共服务职能，党的十六届四中全会提出加强社会建设和管理、推进社会管理体制创新和建立健全党委领导、政府负责、社会协同、公众参与的社会管理格局；党的十七大提出完善社会管理、健全基层社会管理体制，党的十八大提出城乡社区治理和加快形成党委领导、政府负责、社会协同、公众参与、法治保障的社会管理体制。党的十八届三中全会把握发展大势，积极回应社会呼声和群众关切，明确提出创新社会治理体制、提高社会治理水平。党的十八届四中全会提出了依法治国的重要战略部署，尤其是习近平总书记在系列重要讲话中所提出来的"四个全面"发展战略。以上所列种种变化都体现了我们党对共产党执政规律、社会主义建设规律、人类社会发展规律的新认识，为我国从传统社会管理转向现代社会治理提供了理论基础和理论依据。习近平总书记关于实现中华民族伟大复兴的"中国梦"的重要论述，为全国人民形成共识，凝聚力量，共同推进中国特色社会主义事业提供了强大的精神力量。党的十八届三中全会提出了全面深化改革的总目标，"完善和发展中国特色社会主义制度，推进国家治理体系和治理能力现代化"。政府治理是国家治理的重要组成部分，政府治理现代化是国家治理体系和治理能力现代化的重要内容之一。而这些伟大蓝图的顺利实现是迫切需要一个根植中国发展实践、顺应现代社会发展需要、呼应人民对生活的需求的行政组织的运转和服务。

　　我国是社会主义国家，社会主义国家的行政组织与西方国家的行政组织有共性，更有不同。西方国家有关行政组织的相关理论虽然可以为解决共性问题提供参考，但是我们一定不能忽视了中国行政组织的问题必须要在中国历史、文化、现实的交融中去寻找、实践、解答。中国的现代行政组织呈现了与西方的理性官僚制不同的发展现状。官僚制曾经作为古代中国发展得最彻底、最巧妙的统治手段,但中国古代的官僚制与现代行政工作的实际需求相比还有较大差异。由于中国政府传统行政思维和行为的惯性影响,以及政府及其成员本身的权力利益关系,结合中国行政组织在现代化进程中的各种复杂境况,我们要正确认识现代社会的行政组织的特点与发展。当前我国正处于全面建成小康社会的关键时期,但现行中国行政组织的治理仍然存在一些不相适应的方面。比如,行政组织的职能转变还与现实发展要求不完全一致,公共服务的空间还有待于进一步地提升,滥用职权、贪污腐败的现象还依然存在等。这些问题制约了社会发展,需要得到及时有效的解决。行政系统作为社会调控体系的主导力量,对于驱动社会经济的发展具有决定性的作用。现代行政组织,面临着传统统治型政府管理向现代公共服务型政府治理转变的历史进程。全面建成小康社会的时间已经临近,推进行政组织的治理现代化势在必行。因此,从伦理的视角加强对行政组织的研究与探讨,既包括行政组织在中西方中的普遍性的共性问题的研究,也着重地加强对中国现行社会条件下的行政组织的特色研究,既包括对行政组织的行为方式的研究,更侧重于对行政组织的价值理念的进一步探究,既包括对组织中个人的行为研究,更关注组织的整体性的研究。旨在进一步强化行政组织的使命和责任,为在社会转型期的中国行政组织的建设与发展探讨可行的伦理路径。

# 第二章　行政组织的伦理实质与内涵

从传统社会到现代社会的转变，带来了不断变迁着的社会生活。这种转变与变迁引领着社会结构的重大变化。社会结构的重大变化延伸体现在社会领域的各个方面，既有文化领域的问题叠加，也有价值领域的各类争论，最直接的也包含了人民生活的切身感受变化。行政组织由于处于现代社会也呈现了现代性新特点，在日益繁忙理性的现代社会里占据着越发重要的位置。社会问题和矛盾的层出不穷，带给了人们更广阔的研究视野和更艰巨的研究任务，给理论界和学术界提出了更多更迫切的创新要求。在日新月异的社会变迁中，事物万变总有其本源，抓住了事物的本质才能进入实质研究阶段进而进行有效的创新。我们对于行政组织的研究，不能仅仅对行政组织结构、行政组织文化、行政组织活动方式、行政人员的管理等显性方面变化的关注，更应该究其根本，从伦理学、道德哲学的角度探索行政组织伦理意蕴。因而，要对行政组织进行研究，行政组织的伦理学研究角度不能缺位，我们应首先了解行政组织伦理的实质与内涵，以及伴随社会结构变化带来的理论变迁。从实质与内涵的角度去深入地探析行政组织的伦理困境进而寻求现代行政组织走出困境的可能路径。

## 第一节 行政组织的伦理实质

当我们开始讨论行政组织的伦理实质，就有一个显而易见的问题会首当其冲地被提出来，那就是"行政组织是有伦理性的吗？"或者可以延伸为另外一个更为广泛的问题"组织是有某种道德价值目标的事物吗？"众所周知，若讨论一个事物的伦理性，首先这个事物本身应具有整体性的特质，正如我们比较熟知的便是对个体的道德的讨论，有了对"一个个体就是一个整体"的共同认知前提，才会有对人的伦理道德探究的各种论述。与此同理，讨论行政组织的伦理问题的一个基本前提是我们必须要论证行政组织虽然是多个人组成的人的群体，但是其具有整体性的特质，具有某种道德价值目标和伦理内涵。也就是说行政组织本身是一个伦理实体，这样行政组织的伦理探讨才有其存在的基础和价值指向，行政组织伦理的建立也才具有其内在必然性。如黑格尔所说的，"伦理性的东西不像善那样抽象，而是具有强烈地现实性的。精神具有现实性，现实性的偶性是个人。因此，在考察伦理时永远只有两种观点可能：或者从实体出发，或者原子式地进行探讨，即以单个的人为基础而逐渐提高。后一种观点是没有精神的，因为它只能做到集合并列，但是精神不是单一的东西，而是单一物和普遍物的统一"。[1] 所以要

---

[1] ［德］黑格尔：《法哲学原理》，范扬、张企泰译，商务印书馆1961年版，第173页。

## 第二章 行政组织的伦理实质与内涵

考察行政组织伦理,就要先从伦理实体这个概念作为出发点,证明行政组织的伦理实体性。

### 1. 伦理实体的概念与特点

实体的概念。人类对实体的探讨始自亚里士多德,"实体是什么"是他在《形而上学》上提出的一个哲学难题,也是后来西方哲学史上许多哲学家使用的重要哲学范畴。亚里士多德认为实体是独立而不依赖其他事物的存在,这种观点也为后来各学派的实体的讨论与思想形成提供了理论源泉。近代的哲学家笛卡儿、斯宾诺莎等对实体都进行了研究,并在研究的基础上建立了自己的哲学体系。与经验论不同,近代的"唯理论"从普遍性方面来思考事物的本质和本原。笛卡儿认为"所谓实体,我们只能看作能自己存在,在其存在并不需要别的事物的一种事物"。[①] 斯宾诺莎(Baruch de Spinoza)强调"实体"是"自因",也就是他认为是自己产生的自己,自己决定自己,而且是唯一的。将实体的概念提升为伦理范畴的是黑格尔。黑格尔将实体看作一切存在中的存在,是直接的现实本身。而且"这个现实是作为绝对自身反思的存在,作为自在自为之存在的长在"。[②] 在黑格尔那里,实体是自因的,同时也是其他事物存在的根据。同时,实体是主体,是能够通过对象化而实现自身的东西。

---

[①] [法]笛卡儿:《哲学原理》,关文运译,商务印书馆1958年版,第20页。
[②] [德]黑格尔:《逻辑学》(下卷),杨一之译,商务印书馆1976年版,第211页。

▶ 中国行政组织伦理的现代性反思与重建

通过梳理实体研究的脉络，总结和把握实体的哲学范畴在人类思想史中的意义。我们可以这样定义实体的概念：实体，是关于世界本质存在一种形而上学的思辨表达，是人的对象性存在，这种对象性存在具有自身的本质特征并在与人的对象性关系中现实地展开，是特殊物与普遍物的辩证统一。

伦理实体的含义与特点。黑格尔将实体的理念运用到伦理学中，有了更为丰富的内涵。伦理实体既有实体的哲学本体论的含义，同时增加了其不同于个体的共体意义以及不同于特殊的普遍本质。当现实的社会实体符合社会实体的本质也就是符合社会实体的概念性真理时，这种社会实体就是伦理实体。伦理实体，是对伦理存在本质的形而上学的思辨表达，是道德主体的对象性存在，这种对象性存在具有伦理关系的特征并在与道德主体的对象性关系中辩证地展开。黑格尔在《法哲学原理》中提出"伦理实体"一词。他认为"伦理实体"是绝对精神在客观精神阶段的真理性存在，是价值合理性的根据。伦理实体是用来表达伦理存在本质、说明伦理辩证运动的道德哲学范畴。伦理的本性是普遍，"是一种本性上普遍的东西"，[1] 伦理实体即"伦理的共体或社会"，[2] 也即伦理的社会实体。在黑格尔的理论中，家庭、市民社会和国家是伦理实体的三个发展阶段。家庭是伦理实体发展的第一阶段，服从情感的利他原则。他认为家庭是以爱为其规定的，在家庭中，人是家庭的精神统一中自在自为存

---

[1] ［德］黑格尔：《精神现象学》（下卷），贺麟、王玖兴译，商务印书馆1979年版，第8页。

[2] 同上。

在的个体。市民社会是伦理实体发展的第二个阶段，服从利益的利己原则。在市民社会中每个人通过他人作为的中介肯定自己并得到满足。市民社会是独立的，但在伦理上却不能自足因此过渡到国家这一阶段的伦理实体。在黑格尔那里，国家是最高阶段的伦理实体，"国家是伦理理念的现实——是作为显示出来的、自知的实体性意志的伦理精神"，国家"直接存在于风俗习惯中，而间接存在于单个人的自我意识和他的知识和活动中"。[①] 但是在同时，国家中的单个人的自我意识由于具有政治情绪而在自己活动的目的和成果中获得实体性自由。从家庭、民族、国家三个在黑格尔的思想体系里，伦理实体既具有自身的独立性，又具有内在的结构与生命，伦理实体是个体的安身立命之所，是把握伦理规律与伦理精神的关键。在黑格尔的理念里，伦理实体有着如下的三个特点。

第一个特点是，伦理实体是个体与共体的有机统一。成为伦理实体存在的社会关系体系有着重要的前提，那就是在实体中，充分体现着个体与共体的有机统一。在一个伦理实体当中，一定存在着不同的个体，没有个体的共体是不能成为实体的，更不能构成伦理实体。个体与共体的有机统一反映在个体是融入共体的伦理精神里的，这些融入共体中的个体，认可、承认、接受这个共体所具有的伦理精神，并身处于这个共体伦理精神的影响和浸润。但是同时，个体又是创造、形成伦理关系的主体，个体维护着整个共体的伦理关系。因

---

① ［德］黑格尔：《精神现象学》（下卷），贺麟、王玖兴译，商务印书馆1979年版，第253页。

▶ 中国行政组织伦理的现代性反思与重建

此个体与共体是统一共存的,缺一不可。因为"伦理本性上是普遍的东西,这种出之于自然的关联本质上也同样是一种精神,而且它只有作为精神本质才是伦理的"。① 这里的精神是指一种"实际存在着的和有效准的精神",② 是单一物和普遍物的统一。伦理实体必须透过精神建构并且只有借助于精神才能完成和持存单一物和普遍物的统一。伦理实体本身包含着作为其成员个体在内,这些个体成员通过精神统摄展现共体。黑格尔强调,"这个共体或本质是这样一种精神,它是自为的,因为它保持其自身于作为其成员的那些个体的反思之中,它又是自在的,或者说它又是实体,因为它在本身内包含着这些个体"。③ 因此,共体与个体是有机统一的。

第二个特点是,伦理实体是必然性与应然性的有机统一。人总是生活在一定的社会共同体中,社会共同体是一定社会关系的集合体,"人的本质不是单个人所固有的抽象物,在其现实性上,它是一切社会关系的总和"。④ 伦理实体的必然性体现在伦理实体的实现是人类在发展过程中为了追求自由而扬弃的一种手段,扬弃了个体而成了类,在这个类的统一中个体实现了自由,这是伦理的本质。"伦理性的东西就是自由,或自在自为地存在的意志,并且表现为客观的东西,必然性的圆圈。"⑤ 必然性的存在,"伦理性的规定表现

---

① [德] 黑格尔:《精神现象学》(下卷),贺麟、王玖兴译,商务印书馆 1979 年版,第 8 页。
② 同上书,第 7 页。
③ 同上。
④ 《马克思恩格斯选集》(第一卷),人民出版社 1972 年版,第 18 页。
⑤ [德] 黑格尔:《精神现象学》(下卷),贺麟、王玖兴译,商务印书馆 1979 年版,第 165 页。

为必然的关系"。① 伦理的必然性是一种自为的必然性，也即体现了与应然性统一的必然性。个体的实体性或普遍性体现了必然性与应然性的统一。

第三个特点是，伦理是永恒的，而个体则是伦理实体中的偶性存在。在"伦理实体"中规定了个人的权利与义务，是自在自为的存在的意志，而伦理实体中的每个个体在这种统一中获得自身存在的价值规定。在一个伦理实体中，"个人只是作为一种偶性的东西同它发生关系"。因此，个人存在与否，对客观伦理来说是不具必然性和必要性的，一个具体的个体在客观伦理面前是可存在也可不存在的，或者可以说，每个个体都被湮没在整体的伦理实体里。"伦理实体是消融社会成员的个体性和特殊性而达到有机统一的普遍性，它是个体性与共体性、特殊性与普遍性的统一。"② 在伦理实体里，作为整体中的一员的个体偶性存在于实体中，获得了本质的规定性及作为个体的权利义务，获得的是自身存在的价值规定。

综上所述，通过对伦理实体的特点的分析，可以这样理解伦理实体：伦理实体是特殊性与普遍性相统一的社会关系体系，是伦理的实然性与必然性的统一，既是各种具体的伦理关系的实体，又是由这些伦理关系最后所形成的社会的伦理秩序的复合体，每一个个体在其中都是偶性存在的。伦理实体存在的意义在于为人类寻求伦理价值合理性的根据。

---

① ［德］黑格尔：《法哲学原理》，范扬、张企泰译，商务印书馆1961年版，第167页。
② 高晓红：《黑格尔论作为伦理实体的政府》，《学海》2007年第3期。

## 2. 行政组织是创生的伦理实体

黑格尔将最完满的、神圣性的以及最高形态的伦理实体视为国家。他认为国家是包含了家庭和市民社会的伦理实体，是家庭和市民社会这两个环节的结合，是"伦理实体理念的现实",[①] 即国家是特殊性和普遍性相统一的伦理实体，并且是"思考自身和知道自身，并完成一切它所知道的"伦理实体。伦理实体的生成方式有两种，黑格尔在《精神现象学》中对这两种生成方式进行了探讨，他将它们分别称为"神的规律"和"人的规律"。自然伦理实体遵循的是"神的规律"，创生伦理实体遵循的则是"人的规律"。所以，国家是自然形成的伦理实体，是依照"神的规律"形成的，而组织伦理实体是人类社会发展到一定历史阶段中出现的伦理实体类型，是依据"人的规律"创生的伦理实体。相应地，行政组织就是创生的伦理实体，其具有伦理实体的一些基本特征，同时也有与伦理实体不同的特征。

首先，行政组织是一个具有"整个的"伦理精神的道德主体。与国家的伦理实体不同，行政组织是"国家"这个伦理实体外化而形成的一个社会共体，行政组织所体现的是国家这个伦理实体的伦理的灵魂。"外化"是指不运用或不完全运用本身，但是按照自己的价值逻辑与伦理精神将自己实现出来的过程。行政组织与国家之间的关系即是如此，行政组织必然不等同于国家，但是国家要通过行政组织这个实体

---

[①] [德] 黑格尔:《法哲学原理》,范扬、张企泰译,商务印书馆1961年版,第260页。

将国家自身的主体意志得以表达,将国家的伦理精神在行政组织的行政行为中得以实现。这个过程,就是将国家的伦理精神外化的过程,行政组织这个实体,体现的并非自身的意志而是国家意志,行政组织实体的伦理精神与国家应是完全一致的。在现代社会里,国家中的人们是基于价值合理性、自由地决定联合在一起的,国家的使命是保障人们的权利与自由得以实现,黑格尔所论述的国家的本质主要在于其内在的价值合理性内在需要,使保护人们的自由与价值在社会中得以实现。按照马克思主义理论建立的社会主义国家,国家的使命便是实现人的全面解放与自由发展。伦理实体要使自己走向具体,成为自在自为的存在,必须满足两个条件,必须既是一个整体又是一个个体,或者说它必须是一个"整个的个体","只有在这样一个'整个的个体'中,也就是在政府"中,才能消除家庭和民族两大伦理实体的矛盾。所以,从'应当'层面讲,政府是一种普遍、本质和共体,是'国家'伦理实体的'整个个体'"[①]。因此,行政组织就是具有普遍本质和公共本质的社会性整体,它是一个整个的个体,能够促成使民族成为一个共同行为及伦理精神的个体的实现,实现国家这个伦理实体伦理精神,使得国家的伦理精神的实现具有可行性,实现国家的伦理精神在现实生活中的普遍性。

其次,行政组织具备了伦理实体的基本特征。我们在上面分析的伦理实体的三个基本特征在行政组织中是具备的。

---

① 高晓红:《政府伦理研究》,博士学位论文,东南大学,2006年,第33页。

第一个特征是行政组织是创生的伦理实体。伦理实体要使自己走向具体，成为自在自为的存在，必须满足两个条件：即伦理实体必须既是一个整体又是一个个体，或者说它必须是一个"整个的个体"。只有在这样一个"整个的个体"中，也就是在"行政组织"中，才能消除家庭和民族两大伦理实体的矛盾。所以，从"应当"层面讲，行政组织是一种普遍、本质和共体，是"国家"伦理实体的"整个个体"。第二个特征是行政组织的个体与共体的有机统一。与黑格尔论证的国家的伦理实体不同，行政组织所具有的自觉伦理精神并不只是组织内部的个体与组织的关系。如第一个特征中所说明的，行政组织具有整个的为民族的普遍性和公共性的自在自为存在的体现，又是一个整个的个体，能够使民族作为一个个体而行动。行动组织是社会共体的现实生命的表现。它是用个形式来确证它的普遍本质和公共本质，是伦理实体体性的体现。行政组织是将伦理实体理解为具有特殊性与普遍性相统一的社会关系体系。只有这样，才能成为社会价值合理性根据之所在。第三个特征是行政组织中个体与实体的普遍与个性的统一。行政组织是具有普遍本质和公共本质的社会性整体，是作为民族的普遍性和公共性的自在自为存在的体现，它同时又是一个整个的个体，能够使民族作为一个个体而行动的。政府是社会共体的现实生命的表现。它是用个体的形式来确证它的普遍本质和公共本质，是伦理实体的个体性的体现。"共体，亦即公开显示其效力于日光之下的上界的规律，是以政府为它的生命之所在，因为它在行政组织中是一整个个体。政府是自身反思的、现实的精神，是全

第二章 行政组织的伦理实质与内涵

部伦理实体的单一的自我。"① 行政组织是伦理实体的一种个体性的体现,是一个民族的普遍性和公共性的自在自为存在的个体性的体现。因此,行政组织具备伦理实体的基本特征。

行政组织是创生的伦理实体。按照行政组织产生的逻辑,行政组织与家庭等自然的伦理实体又有所不同,它是作为国家的道德价值导向的"外化"而出现的,它出现的主要目的是组织人们生产和有序的生活,协调内部关系。行政组织的主要的伦理功能是将国家这个伦理实体的伦理精神与实质在社会中现实化,在对外关系中则能以一个伦理的整体出现。行政组织是"被选择"的结果,因而行政组织不能有自己的特殊利益追求,它必须代表他人,并为他人、社会中存在的其他的社会组织积极谋取利益。国家和它的行政组织之间是有区别的,"国家是为增进共同的目的,满足共同的需要,有政治组织的人或团体;政府则是陈述、表示和实现国家意志的代理机关、管理或组织之总称。政府是国家所必不可少的机关或者代理者,但它并不是国家本身。就如一个公司的董事会不是公司本身一样。国家是一个由人民所组织而成的政治社会,不受外来的统治,对内完全自主。政府就是国家表示意志、发布命令和处理事务的机关"。② 也可以这样表述,行政组织只是国家的代理人,行政组织本身及组织内的个人并不是最终委托人。行政组织是代理他人积极促进委托人公共利益目标的实现。创生组织伦理实体就要求我们

---

① [德] 黑格尔:《精神现象学》(下卷),贺麟、王玖兴译,商务印书馆1979年版,第12页。
② 杨幼炯:《政治科学总论·现代政府论》,中华书局1967年版,第322页。

▶ 中国行政组织伦理的现代性反思与重建

"在需要的领域中认识这种包含在事物中而且起作用的合理性的表现"。①

伦理世界中的行政组织作为伦理实体是需要创生的伦理实体，其有着异化的潜在可能性。这一创生的伦理实体是建立在对虚幻及异化伦理实体扬弃的基础上的。行政组织存在与发展都是来自外部的驱动以及公众对组织自身的功能需求与价值期望，这种需求与期望是要求组织及组织中的个体完全不能以自我私利为出发点。而是应该在其伦理实质的价值引导下完成公共利益至上的使命。但是，历史以及现实中的实际情况总是在一再验证着，行政组织的努力与公众的客观期望在人类历史的任何时期都有着不同程度的距离。这种距离产生的原因就是源于行政组织是创生的伦理实体，而并非国家本身。而创生的伦理实体要实现一种代理的转换才能完成其伦理使命，这种转换的过程既需要时间的调整，也存在着潜在的异化可能性。

行政组织本身是单一性与普遍性的统一，是社会发展的必然，是超越个体偶性、制约个体行为的永恒，也就是说，行政组织具备伦理实体的一切特征，是完成国家这一伦理实体实现伦理功能的必然选择。作为"整个的个体"而存在的行政组织，不仅是一个事务的办理机构，而且是一个创生的伦理实体，它的存在具有价值的合理性。即便是其潜在的异化可能性为人类社会的发展的确带来了麻烦和困扰，但是截至目前，行政组织仍然具有不可替代性。

---

① [德] 黑格尔:《法哲学原理》，范扬、张企泰译，商务印书馆1961年版，第204页。

### 3. 我国行政组织的伦理实质是全心全意为人民服务

行政组织的伦理价值基础是行政主体对一切行政价值和一切行政活动、行政行为进行评价、判断、选择的根本标准。对一切行政价值和一切行政活动、行政行为具有深层次基础性的决定和导向。作为伦理实体的行政组织是具有道德价值目标和伦理内涵的，应当说，行政组织的出现是从属于这样一个目的，那就是公正公开地管理社会公共事务，维护和服务于公共利益的要求。"公共利益至上"之所以被确立为行政组织的伦理的实质，有其人类社会发展的终极意义、行政组织的起源、伦理功能、合法性的依据。

从人类社会发展的终极意义来讲，行政组织作为人类社会发展中的一个阶段性的产物，其核心价值目标也不能脱离人自身的发展来寻找，它是人类的本质需求，其价值就蕴含在人类维持自身存在及寻求自身全面发展的要求之中。因为社会的发展最终都是为了实现人类自身的发展。"人的本质是人的真正的社会联系，所以人在积极实现自己本质的过程中创造、生产人的社会联系和社会本质"，因而人的本质在其现实性上，是一切社会关系的总和，这种社会关系正是由其"自己的活动"所创造出来，成为自身的每一个人的本质，成为"他自己的活动，他自己的生活，他自己的享受，他自己的财富"[①]。而人类社会的任何一种发展、"任何一种解放都是把人的世界和人的关系还给人自身"[②]。因此人类社

---

[①] 《马克思恩格斯全集》（第四十二卷），人民出版社 1979 年版，第 24 页。
[②] 《马克思恩格斯文集》（第一卷），人民出版社 2009 年版，第 46 页。

会的发展，最终的尺度与目标指向也就只能是人的全面发展，这个"人"的概念所指不是某个人、某个阶级、某部分人，而是社会上的所有人。作为人类生活发展进程中出现的行政组织的伦理实质是为了所有人的全面发展，即为了公众的利益。

从行政组织的起源来看，它源于维护社会公共利益和社会共同生活秩序的需要，其本质是一种凝聚和体现普遍意志的力量。洛克（John Locke）在《政府论》中曾经阐明了政府——本书的行政组织的存在的缘由是人类需要私有财产的保护，政府的功能是维护社会安全与公民自由，彰显政府的公共性，从而维护社会的公平。也就是说，一个社会的人们在结合成联合体时，各自放弃单独行使的权利，让渡自己的一部分私权利，交由他们中间指定的部分人来行使。"这就是立法和行政权力的原始权利和这两者之所以产生的缘由，政府和社会本身的起源也在于此。"[①] 人们之所以自愿放弃一些权利，是为了更好地保护自身的安全、财产和自由。马克思和恩格斯则认为"国家的本质特征是和人民大众相分离的公共权力"。[②] 社会契约论认为，国家与政府的一切权力都来源于公民与公民之间或公民与政府之间的委托，公民与政府之间之所以需要这样的委托，主要目的是为了全体社会成员的公共利益。政府这一社会共同体作为委托的结果，它本质上成为执行"公意"的工具。卢梭曾经说道，"唯有公意才能够按照国家创制的目的，即公共幸福，来指导国家的各种

---

① [德]洛克：《政府论》（下篇），叶启芳、瞿菊农译，商务印书馆1964年版，第78页。
② 《马克思恩格斯选集》（第四卷），人民出版社1995年版，第116页。

第二章　行政组织的伦理实质与内涵

力量"。① 并且"公意永远是公正的，而且永远以公共利益为依归"。② 这些都说明了，国家的产生，行政组织的功能就是为维持社会的稳定，为公众提供公共的产品，维护公众的每个个体权利。因此行政组织必须以为社会公众服务为前提，以维护和实现公共利益为其价值评价标准。这是行政组织的存在的本质含义，因此行政组织的伦理指向是为公众利益服务的，公共性是其伦理的本质。

从行政组织的伦理功能来说，行政组织是国家的伦理"外化"，即将国家的意志和价值取向在社会中具体实现的过程。国家作为一个伦理实体体现的全体公民的意志，黑格尔所论述的国家的本质主要在于其内在的价值合理性。国家是这样一种公众权威，它是由宪法、法律所规定的因而尤其权威的力量，这种权威带有其强制性的色彩；同时它是由公民和社会所共同认同和接受的，因此它具有普遍的公众认可的权威。行政组织作为国家这个伦理实体的精神的整个代言，它是一种强制力量，它所代表的是国家意志，它的存在意义是解决公共问题、提供公共服务。所谓的国家目的，具体而言，就是指公共利益，行政组织具有促进和实现公共利益的义务和责任，这是行政组织公共性的具体体现。这种公共性体现在行政组织的行政系统的活动主要在于满足社会的需要，实现来自社会的需求。这种性质决定了要实现行政系统与社会之间的互动平衡，必须坚持公共利益至上的原则。

从行政组织的合法性的依据来看。行政组织的存在的意

---

① ［法］卢梭：《社会契约论》，何兆武译，商务印书馆 2003 年版，第 31 页。
② 同上书，第 35 页。

▶ 中国行政组织伦理的现代性反思与重建

义符合人们设立的初衷,即是谋求社会资源的调控者和分配者,对社会成员的权利与义务进行设定,并对社会不同阶层进行利益和角色的调节。第二次世界大战之后,世界上一切追求民主进步的国家,都把人民对政府的制约法制化,并把它上升为最高的宪法原则。行政组织存在的合法性在于公众对自身权利的让渡,而行政组织的权力则只来源于表现"公意"的法体,人民制定法律决定政体并赋予行政组织权力,于是,行政组织成为"人民的仆从",如果行政组织背离了存在的基础,那么就失去了其存在的合法性。一个国家的最高主权始终属于人民的原则。因此行政组织在服务公众的过程担负着双项职责,不仅包括了对整个社会发展的引导也包括了对自身行为的约束,以免丧失了行政组织存在的合法性基础。

由此可见,行政组织在本质上表现为"一种公共精神,一条维护公共利益至上性的群体价值判断标准"[1]。行政组织的伦理实质就是为公众谋利益,就是"为人民服务"。这里的"民"指的是社会中的所有公众。"大道之行,天下为公",行政组织必须抱定为人民服务的宗旨,不能既当"裁判员"又当"运动员",在与民争利中丧失公共利益守护者的神圣职责。公共利益至上是行政组织的伦理实质,全心全意为人民服务是行政组织的伦理宗旨。只有从公共利益出发的行政组织的行政行为才满足了行政组织本身存在、功能、社会期望的"三位一体",才能真正地促进每个人的自由全

---

[1] 张继亮、教军章:《公共性:从精神世界到社会生活》,《阅江学刊》2011年第4期。

第二章 行政组织的伦理实质与内涵

面发展,才能真正发挥行政组织这个创生伦理实体在社会中的价值导向作用。

我国行政组织伦理实质是全心全意为人民服务。在实行社会主义制度的中国,行政组织的伦理实质是全心全意为人民服务,这是行政组织公众利益至上的伦理实质在中国的具体实现与概括,两者是一脉相承的。全心全意为人民服务是"指政府在行使制定公共政策、实施公共管理等公共服务职权时,必须坚持人民利益高于一切的原则,体现并反映人民的意志,保障并捍卫人民的合法权利"①。"全心全意为人民服务"是社会主义制度的必然要求。我国是社会主义国家,确立了社会主义公有制的主导地位,因此,行政组织服务的对象就绝不再是某个特定的统治阶级,而是广大人民。在社会主义国家里,"物质生活关系"上已经确立了公有制的主导地位,在政治上已经确立了人民当家做主的地位,因此人的全面发展的伦理要求,落实到国家层面,必然要求广大人民作为国家的主人,要求国家真正做到"为人民服务"。国家的"为人民服务"自然应该成为行使国家意志的行政组织的伦理实质。因此公共伦理的实质应是"为人民服务"。从我国当前的社会主义建设实践来看,"为人民服务"原则的提出,反映了社会主义市场经济条件下社会对公共管理行为的道德要求。全心全意为人民服务一直是中国共产党的根本宗旨,也是我国行政组织工作的主要原则,意味着执政党的干部对人民的解放、人们的利益必须要有无私奉献、忘我奋斗,甚至不惜牺牲自己生命的精神。中华人民共和国成立以

---

① 汪荣有:《公共伦理学》,武汉大学出版社2009年版,第27页。

来，我们的党和国家也始终坚持并强调"为人民服务"的工作目标，在具体的行政管理工作中也充分地体现了这一点。中国共产党已经成立了96周年，纵观一百年来中国发展的脉络，马克思主义信仰从未改变确保共产党成为中国人民整体性利益的代表，中国行政组织也向来以公众利益为准绳，从国家发展的利益出发，最大限度地避免特殊利益集团的干扰，直面发展中的问题，寻求人民利益的最大公约数。相比之下，西方近年来的各种乱象和闹剧，英国的脱欧公投、美国的总统大选等，让人们更加认清楚了行政组织作为创生的伦理实体，其不可避免地成为国家和执政党的伦理精神的最直接的投射。

实现行政组织伦理实质需要把握好的几个关系。公共利益至上的伦理实质要求行政组织在具体的履职过程中把握好以下几个关系。

首先，应把握好目的与手段的关系。行政组织的行为出发点一切以谋求公众利益为价值取向。在决策中，行政组织必须以实现公共利益为目的，而并不是以实现公共利益为手段最终达到其他的目的。这种以公众利益至上为导向的伦理实质向社会与公众传达了一种重要的理念，即在行政组织与公众的价值关系上，公众利益的实现是主导、是目的，这个公众利益的本身指向为社会中的所有公民。因此公众利益的维护，就是内嵌在一切社会活动之中的出发点和最终归宿，整个社会的道德规范体系，最终的尺度与目标指向也就只能且必须是所有人的全面发展。行政组织伦理的目的与手段是不能置换的，否则伦理实质的内容就发生了变质，失去了其原本含义。将公众利益作为目的，那么在实现这个目的的过程中，从方式方法到过程结果，从过程到目标都充满了以人民为根本的伦理意蕴，为公众服务是一以贯之的一条主线，这才是行政组织的根本功能，印证为其公共利益至上的伦理的实质。

其次，应把握好行政组织的自身利益与公众利益的关系。行政组织应当将公众利益作为自己行动的出发点，行政组织中的个体应该是公共利益的信托者，而不能成为组织私利的谋取者。行政组织所代表的是公共利益，它本身应完全没有自己的利益要求，行政组织作为创生的伦理实体，其行政行为应是国家意志的"外化"过程，所有的出发点都是公众利益"代理人"的身份。事实上，行政伦理价值基础的最核心议题便在于保证组织及其管理者能够代表并回应公共的利益，行政组织不能将自身的组织利益置于公众利益之上。在这里，因为行政组织是具有公权力的，因此将公众利益置于自身利益之下是有着行为的可能性，而且诸多事实也证明了行政组织有能力和空间能够实现这一点。此外，行政组织中的个人不能将个人的或者更小集团的利益置于公共利益之上，否则，就是一种不符合伦理的行为，产生的就是行政腐败。虽然行政人员必须应具有一定的伦理自主性，但是这种自主性是指面对不道德的组织和不道德的上级的时候保持价值的判断的能力。意在说明行政人员不能将自己视作中立的工具而服从不道德的目的。行政权力被非公共地运用，不能处理好组织利益或者个人利益与集体利益的关系，都会带来影响恶劣的行政腐败，这是腐败产生的根源。慎用权力的伦理规范要求行政人员不将行政权力运用于实现公共利益以外的其他目的。

最后，应把握好行政组织的主导与服务的关系。行政组织是具有公共权力的，权力的合法强制性的特征让行政组织在行政职责履行过程中会带来强势主导的可能性。不能否认，在一定情况下有强制的必要性，但是行政组织应该充分认识到自己并不是公众的管治者、支配者，而是接受委托的公共事务的管理者，换言之，行政组织管理者所管理的是公众事务，而不是公众，这两者有着根本的分别。不能把管理公众当作目的，而只能把最大限度地保证并实现公众的利益作为唯一目的，行政组织应当是为了服务而管理，不是为了管理而服务。过于突出强势管理功能的行政组织所体现出来的便不再是服务了，而是管理的是人民，久而久之，就将自己置于公众之上，会逐步丧失其伦理本质要求。因此在行政组织的层面上，组织应体现出服务的精神，并能够制定完备的制度体系、营造和谐的组织文化为组织内部的人树立起正确的服务精神和公仆意识。

总之，在以公共性为本质属性，旨在实现社会公共利益的活动过程中，使行政组织不可避免地蕴含极其浓厚的伦理价值色彩。无论社会发展到何种形态，人始终处于公共行政的核心地带，并同时作为公共行政主体与客体而存在。无论行政人员是在进行行政决策时，还是在执行具体的公共行政行为时都包含着丰富的伦理道德的内存。由此，行政组织不仅要追求高效率的管理，同时也是伦理道德活动的领域；不仅仅是一个纯粹技术性、经济性、科学性的活动，同时其本身也是蕴含着高尚的伦理追求和道德价值判断的哲学范畴；不仅仅是涉及公平程序、规律、法则的实然层面，同时更是一个关系伦理道德的形而上的应然层面。

## 第二节 行政组织伦理的内涵

行政组织伦理是在"行政管理活动中形成的有关组织的善恶观念、价值取向、价值判断标准及其行为规范和习惯的总和"。[①] 与行政伦理、个人伦理的研究内容不同，行政组织的伦理是从组织的角度以及整体的层面去看待、判断、引导行政行为的伦理与价值。这一概念包括这样几个方面的内容：一是范围。作为行政组织伦理，它的范围是在行政组织之中，不包括行政组织外部的伦理现象。二是对象。行政组织伦理，既有组织伦理本身的内容，也有组织人员伦理的内容，是组织伦理内容与组织人员伦理的有机结合，当然，它与行政人员伦理的研究有区别，主要涉及的是组织伦理与组织人员伦理之间的关系。三是内容。行政组织伦理反映的仍然是伦理本身的内容，有关善恶、价值、态度、习惯等，力图表达行政组织本身所具有的某种道德价值目标和伦理意蕴。具体来讲，主要体现在行政组织的权利、义务与责任三个方面。

### 1. 行政组织的权利

行政组织的权利是具有公共性的。当人类社会尚未实现对个体自主性的认识的时候，权利并没有被人类普遍认识，比如在封建王朝帝制下，人与人之间的关系有确定而严格的秩序、等级、尊卑，个人权利完全淹没在等级严明、尊卑分

---

[①] 徐家良、范笑仙：《公共行政伦理学基础》，中共中央党校出版社 2004 年版，第 139 页。

▶ 中国行政组织伦理的现代性反思与重建

明的关系壁垒之中。而人与人之间的交往也由约定俗成的等级制度和社会规则所束缚着,因此个人与他人交往的过程中,个人权利问题并不普遍存在,人们既没有条件也不可能有机会形成普遍意义上的权利意识。在中国封建社会的整个法律体系中,刑法一直占有主导地位。甚至法即是刑,在这一点,中国与以罗马法为基础发展起来的民法法系以及以英国普通法为基础发展起来的英美法系有很大差别。一位中国法制史学家曾讲道,"在前清光绪二十八年前,历代所订颁之法典,均属刑法兼及行政法,其间虽亦有涉及户婚甚至田土钱债;惟规定甚简陋。民法既附丽于刑法,而商法更无其地位;于是民事与商事,多为相沿之礼或相沿之习惯所支配"。① 正因为整个法律以刑为主,私法处于依附地位,所以,狭义的权利一词在中国封建社会的法律以及法学中,就成为罕见的甚至不存在的词了。直到19世纪末20世纪初,西方政治、法律思想大量转入中国,权利与义务等词才开始在中国广为传播。到现代社会以后,随着个人主体意识的逐步觉醒,个人追求平等自由的欲望逐步释放,现代性带给了每个个体权利的普遍性与平等性,而个体为了寻求这种公平合理有效的保护,赋予了行政组织现代性的含义与权利,即行政组织的公共权利。

行政组织拥有的是一种应然的公共权利。公共权利是这样一种权利状态:"即宪法意义上的每个公民应享受的基本权利在实际社会生活中必须由集体和全民的名义代表——各公共(行政、企业、事业)部门根据它们自己的部门法的规

---

① 林泳荣:《中国法制史》,中兴大学法律研究所1976年版,第220页。

## 第二章 行政组织的伦理实质与内涵

定来行使，否则它们难以得到声张。也就是说各种公民权利不能根据宪法上相对应的母权来有效行使，必须得到各公共权力部门和国有企、事业单位的确认才能得到某种权利。"①行政组织的权利的主要职责之一便是对公众每个个体的权利的实现保护不受侵犯并创造保护权利实现的条件。因此，行政组织的原始权利来源于社会中个体的权利，与个体的权利不同，行政组织的权利是一种"公共性"的权利。这种"公共性"所指不是行政组织本身，而是对于所有的公共领域的普适性。或者说，当它存在于公共领域中的时候以及在公共领域作用于私人领域的过程中，是以公共性的形式出现的。所以，"政府的公共性无非是权利这一普遍设定在公共领域中的特殊形式"②。

在普遍意义上，一般认为行政组织拥有的是"公权力"，较少鲜明地提出行政组织拥有"公权利"。"权利"（right）与"权力"（power）这二者的区别显而易见。对权利一词的理解，形成了两个共识，第一，权利的主体是法律关系主体或享有权利人。一般是指个人（公民、自然人）和法人，也包括其他团体、组织以至国家。第二，权利的内容一般是指法律关系主体可以这样行为或不这样行为，或要求其他人这样行为或不这样行为。在行政组织在社会中形成的同时，就拥有了公共权利，这种公共权利是被国家和全体公众所赋予的。

行政组织公共权利在社会中的具体体现。行政组织的公

---

① 舒建军：《公共权利与当代中国社会》，《社会科学论坛》2004年第1期。
② 张康之：《论权利观念的历史性》，《教学与研究》2007年第1期。

共权利体现为"这样行为或不这样行为,或要求其他人这样行为或不这样行为",主要有四个方面的内容。首先,行政组织具有拥有公共权力的权利。拥有公共权力是行政组织公共权利的一种直接表现,国家和全体公民赋予了行政组织拥有公权力的权利。在行政组织产生的同时,公共权利就产生了。而正当的公共权力与组织的公共权利相伴相随。行政组织是完成社会需要而产生的功能性实体,为完成其承担的社会需要就必须具有相应的权力,即公共权力。"权力是一种政治关系,或者说是对一种社会关系的政治规定。"① 行政组织所具有的公共权力,是具有权威性与正当性的,也有其存在的客观需求。它来源于公众私人权利的让渡带给行政组织的权利,是行政组织存在并能正常运转的基础。而权力的运行是否做到了公众利益的保护的评判又是非常复杂的。在具体的行政事务运转中,行政组织的公共权利便集中表现在对公共权力的使用上。正因为如此,公众对于行政组织权力的运行带来的后果是衡量行政组织的履职是否恰当与合法的重要标准。

其次,行政组织具有制定、推行、监督政治和社会规则的权利。制定、推行、监督政治和社会规则,是行政组织存在的题中应有之义。从比较宽泛的层面来说,行政组织具有立法权、行政权和司法权,用更为具体的层面来说,行政组织的"三权"被划分为实际的表现形式在社会中,即为社会与行政组织自身建立一套符合时代要求的社会规则和行为规范,这些规范包括宪法、法律、规则、程序和惯例等。行政

---

① 张康之:《论权利观念的历史性》,《教学与研究》2007年第1期。

## 第二章 行政组织的伦理实质与内涵

组织具有制定规范并在社会中有力推行和实施的权利。规范不仅为行政组织自身制定，也是整个社会必须遵守的规则。行政组织在治理或管理过程中，可以根据社会的需求来制定相应的政治和法律规则，以便于行政组织做好对社会的服务或管理，而这些良好的管理也是政府合法性的主要来源。政府制定规则必须按照时代的需求的程序来进行，规则既是对整个社会的约束，也是对行政组织自身的约束。

再次，行政组织具有保护社会中公众权利的权利。这既是行政组织的权利也是其主要的义务。公众中的每个人都拥有不可侵犯的权利，比如自由、平等。"一项权利之所以成立，是为了保护某种利益。"[①] 权利总是与利益紧密联系在一起的，公共权利也必然与公共利益紧密联系。行政组织的公共权利的公共性是其根本特征，即公众个人权利的集体让渡而带来的公共性。行政组织作为创生的伦理实体，有其伦理使命。社会关于公共权利的设定是服务于公众的权利的保护的目的，公共权利从其伦理的角度来讲，它是作为国家的道德价值导向的"外化"而出现的，它的出现的主要目的是组织人们生产和有序的生活，协调内部关系。那么行政组织根据社会民众的需求维护一定的社会秩序，以保护公民的自由、平等和安全，这也是行政组织存在之根本。行政组织的主要的伦理功能是将国家这个伦理实体的伦理精神与实质在社会中现实化，在对外关系中则能以一个伦理的整体出现。这个伦理整体的指向就是公众利益，因此行政组织的公共权

---

[①] 夏勇：《人权概念起源：权利的历史哲学》，中国社会科学出版社2007年版，第113页。

利是保护公众的权利,这是构建现代行政组织合理合法性的根基所在。

最后,行政组织具有自我管理和自我发展的权利。行政组织有自我管理的权利,有不断完善自身以适应时代发展和民众需求的权利。这种权利从根本上讲,也来源于对社会的管理适应性的预期。自我管理的权利是保障行政组织维持整体正常运转的需要,因此行政组织都会形成一套有效、实用的自我管理制度体系。行政组织作为公共权力的执行者,对社会实施公共事务的管理。没有行政组织对社会实施有效管理,没有行政管理的本身的不断进步,公共利益的维护也难以得到长久保障。因此自我管理的权利不是仅仅维护组织自身利益,而是维护行政组织的高效有序运转就是维护社会整体有序与安定。行政组织的自我发展是组织不断完善的必需,发展无止境。行政组织也不无例外地需要不断发展,在发展中不断适应社会与时代的变化,以便能够更好地实现行政组织的功能,而绝不仅仅是为了自身的利益,更非与公众利益相背。我们发现,全球范围内现行现代政府治理仍然存在一些不相适应的方面。例如,政府职能转变还不到位,公共服务比较薄弱,人浮于事,效率不高的问题仍比较突出;对政府权力的监督制约机制还不完善,滥用职权、以权谋私、贪污腐败等现象依然存在等。这些问题直接影响政府全面正确履行职能,在一定程度上制约经济社会发展。这也表明,在不同的国家、不同发展阶段都会有不同的任务,对行政组织的要求也是不同的。所以,推进政府治理现代化势在必行,行政组织根据本国国情、现代发展规律不断调整、完善行政组织的管理和运行模式,是行政组织的基本权利。

## 第二章 行政组织的伦理实质与内涵

行政组织的权利的界限。从伦理的视域来分析，行政组织的权利是行政组织伦理的最根本的因素之一，人类在有行政组织以来一直对其职能与定位进行了多方位的探讨。作为公众利益的"代理人"，几乎所有引发的行政组织伦理的问题都与权利与权力的关系有着或多或少的联系。尤其是拥有公共权力本身是行政组织重要公共权利之一，让行政组织在履行其职责过程中，若不加以分辨和厘清权利与权力之区别，过多以维护根本权利之姿态行强势公共权力之事，久而久之就会产生微观和宏观两个层面的问题。在微观的层面主要表现在某一件具体的决策或制度是维护了整体公众的权利还是侵犯了更多的人的权利？在宏观层面的伦理审视上，是否正当地使用了公权力为了维护整体的利益而不仅仅是组织内部的利益或者少数人的利益。归根结底，如果从这种现象中看其本质，探讨的核心聚焦是在任何一个历史时期都应找到行政组织权利的界限，即要找到一个平衡点，在这个平衡点上，行政组织的公共权利与公众每个个体的权利之间处于平衡和稳定的状态。行政组织的公共权利不是无限的，既有其应然性，同时也需要在社会的具体发展实践中规范和调整，行政组织应找到其合理维护其公共权利的界限。

行政组织拥有了权利，便会运用公共权力对社会进行治理以实现其伦理功能。人类文明设计出来了很多制度方法来抑制行政组织权力的行使和滥用，也在不同时期都对行政组织的权利与权力的界限进行了界定。但是，人类社会总是会从一种稳定走向失灵，再从失灵走向稳定中寻找适合特定时期的行政组织的权利界限。在过去的一个世纪里，世界各国政府的规模都大幅度地扩张，同时，行政组织对人类社会发

▶ 中国行政组织伦理的现代性反思与重建

展和人民福祉的影响力也大大强化，行政组织的社会服务功能在现代化社会里得到进一步的彰显。虽然不同地域、民族、国家的行政组织职能发挥作用不断受到来自市场与社会力量的"挑战"，甚至发生了民众的质疑、对抗等社会群体事件。但是，现代行政组织在维护社会稳定、减少贫困、保护环境以及谋求社会的可持续发展等方面仍然负有重大责任。能够形成的人类共识是：行政组织仍然是人类社会治理最为重要和有效的结构安排。另一方面，当今不少国家的政府频频面临议会不信任案的危机，各国政府也面临着公民对政府缺乏信任的严峻挑战，这些因素的产生，在很大程度上是这些国家的政府未能很好地履行其所负责任的结果，当然也不能排除突如其来的重大事件的影响。因此，行政组织既有存在的合理性和必然性，也不可忽视和研究其正确合理履行职责的责任，根据社会发展的总体状况做出调整与改变。综览中国现代行政组织职能从全能政府向有限政府的转变，便是中国行政组织对与公共权利与权力在不同时期寻找适当位置的过程。这个寻找的周期有长有短，不可一概而论，有时候甚至是在付出较大的发展代价之后才会回归到正确的轨道上来。"全能政府是指政府自身在职能、权力、规模和运行方式上具有无限扩张、不受法律和社会有效制约倾向的政府模式。"[1] 全能政府有两个明显的特点就是中央高度集权与泛政治化。应该说，全能政府的模式在中国有着深厚的历史传统和民众基础。中国国家形成以后的显著特征是与传统的遗留密切相关的。在传统社会，主要依靠宗法关系来治理社

---

[1] 伍俊斌：《从全能政府走向有限政府》，《企业导报》2009年第11期。

会，在国家与社会这两者的关系上，国家本位始终占据着统治地位。因此中国政治文化中一直偏重群体本位，个人只是作为社会有机体的构件被"嵌入"一个个的整体中，如家族、组织及社会，个人只能是作为集体的一分子而存在的。国家本位一定表现在行政组织的职责全能化上。"1949 年成立后的新中国政府，在长期计划经济体制下，全能主义政府有经济基础和体制的保障，以至政府的权力职能都是综合性的，力图包揽一切。"① 政府无处不在、无所不管，不可避免地导致了国家与社会的高度一体化。但是必须说明，历史上的新中国在特定的时期里，这种全能政府的模式是有着历史合理性的。全能政府其实拓宽了行政组织自身的公共权利，强化了公共权力，行政组织的公共权利始终占据着主要的地位，这与当时的公众素质、社会状况、国际环境、面临的建设任务各方面的综合状况不可分割来看。政府依靠国家控制能力和社会动员能力逐步克服政治解体和社会解组并存的总体性危机。因此，全能政府在中国的历史上有着其存在的合理性与重要性，在中华人民共和国成立到改革开放之前都发挥着非常重要的作用。

改革开放以来，随着国家权力从社会——经济领域的部分退出，市场经济的迅速发育和社会生活的逐渐非政治化，国家与社会的二元性分化开始进行，公民社会正初步营建，中国公众个人的主体意识、自由意识、平等意识、竞争意识等公民社会的自主性品格不断强化，对于个人的权利要求越来越强烈与多元。观念史的考察表明，权利观念的凸显并不

---

① 乔耀章：《政府理论》，苏州大学出版社 2003 年版，第 2 页。

▶ 中国行政组织伦理的现代性反思与重建

是偶然的，它是中国社会自改革开放以来发生的深刻变化在观念上的一个集中的表现，它是主流意识形态自觉的"与时俱进"同社会思潮自发的演进良性互动的产物。相应地，社会治理中的"权力本位"在近代社会逐步失去了其合理性和合法性，而公众个人的"权利本位"在不断地得到强化。我国政府也在形成了从全能政府到有限政府的嬗变。这种嬗变表现在政府进行的各项变革之中，也是政府机构改革的深层动因。改革所进行的行政功能、行政结构、行政行为的再设计与再重组，无一不是为了使政府治理更适应社会的发展和变迁。历史在进步，我们不能不顾这一点而恪守组织的公共权利的观念不变。从近年来的改革可以看出，我国政府在完成从组织的权利本位向公众个人的权利本位的改变。主要体现在：一是权利主体范围的扩大。这就是全体公民，不论其性别、种族、语言、籍贯、宗教、政治信仰、个人地位及社会地位如何，均有同等的社会身份并在法律上一律平等。这个变化是将现代中国与传统中国得以明显区分的重要标志之一。二是权利内容的实际化。其中包括三大类：一类是政治权利，政治权利和自由；一类是民事权利，比如宗教信仰自由；人身与人格权，包括人身自由不受侵犯，人格尊严不受侵犯；一类是社会权利，比如社会经济权利，社会文化权利和自由，包括受教育权利，进行科研、文艺创作和其他文化活动的自由等。在现阶段，这既是符合我国经济发展带来的变化需求，同时也更贴近公众自身的思想层面的需要。卢梭指出："即使是最强者也决不会强得足以永远做主人，除非他把自己的强力转化为权利，把服从转化为义务。"因为，"强力并不构成权利，而人们只是对合法的权力才有服从的义务"①。走向权利的时代是"充分肯定社会大众的政治、经济、文化教育权利，肯定社会大众宗教信仰、言论、集会、结社、出版、示威、游行自由的权利时代"。② 从更深层次的角度来说，国家和社会及公众一直在找寻着一个合理的界限，就是在行政组织的权利与社会发展及公众需求之间地平衡一致，从长远来看，一个良好稳定的社会就是在不断地寻求行政组织的公共权利与公众私权利之间的动态平衡。

　　回顾中华人民共和国成立以来我国政府的历次重大变革，莫不是如此。中华人民共和国成立之初到改革开放之前的中国与改革开放之后的中国有很大的不同，甚至改革开放的前30年与改革开放30年之后也发生了重大的社会变化。其中最大的差别就在于，中国社会、中国人都在几十年的社会现代化进程中发生了翻天覆地的变化，一旦条件、环境、人的意识发生转变，那么作为社会事务管理工作的行政组织的工作职能的重心就会发生相应的转移和调整，以求与社会发展、民众需求相适应。相对应地，行政组织的公共权利与公众的个人权利之间的平衡就会打破，从而寻求下一个相对稳定的平衡状态。从中国现在的发展状况来看，中国正进入了一个经济新常态，经济结构不断优化升级，人们对于自身权利的维护意识更加强烈，对于行政组织的功能产生了更多的需求和期盼。在中国经济新常态下，如何处理好行政组织这只"看得见的手"与市场这只"看不见的手"的关系，继续维持转型期经济的可持续发展和适度增长，面临着比以

---

① ［法］卢梭：《社会契约论》，何兆武译，商务印书馆1980年版，第76页。
② 任剑涛：《权利的召唤》，中央编译出版社2005年版，第1页。

► 中国行政组织伦理的现代性反思与重建

往更多的新问题、新挑战。新时期行政组织的公共权利与公众个人权利的界限调整是一个事关全局的复杂过程，不是简单化地认为政府越小越好，政府管得越少越好。小政府可能是弱政府，弱政府难以支撑起社会与公众长期内涵发展成长所需；强政府可能是无道的政府，无道的政府可能会占有更多公众权利从而压抑社会与公众发展成长的活力。因此，厘清政府公共权利与公众个人权利二者的边界显得尤为重要。党的十八大报告明确提出，要"建设职能科学、结构优化、廉洁高效、人民满意的服务型政府"，这是党关于政府形态和政府功能的最新表述。在党的十八届三中全会上，提出了要切实转变政府职能，建设法治政府和服务型政府，对于全面正确履行政府职能做出了新要求。服务型政府，"服务"两字是核心，无论是牢固树立为人民服务的理念，还是深化行政审批制度改革，或者是创新行政体制和管理方式，法治政府和服务型政府是新时期我国对于行政组织的新定位，我国正处于社会转型期，处于社会主义初级阶段，全体中国人民也在从传统迈入现代的过程中，正在走向追求个体的权利时代。我国政治体制改革的根本目的就是实行民主政治，建立高度民主的政治体制，保障人民群众的根本权利，在现行的市场经济条件下，协调好与市场和社会的关系，要建成"有限政府"。有限的政府必须是有效的政府、自我约束的政府，政府如果无所不管，就会越位、错位。我国在建设有限政府的过程中，以行政审批制度改革作为政府职能转变的突破口，借此理顺政府与市场、政府与社会、中央与地方的关系。这些政策和措施旨在通过有效的转变和调整，在限制政府权力和利用政府的权能两者之间保持必要的张力。

## 2. 行政组织的义务

行政组织的义务蕴含于其功能当中,如果不能理解行政组织存在的理由和功能、目的,就不能正确地深刻理解行政组织的义务。作为一个社会中重要的组织主体,按照行政组织的来源和性质,行政组织自身有其应当履行的权利,同时也必然存在着其应该承担的义务。行政组织自身以及普通民众都必须充分认清组织的权利、权力与义务。义务是行政组织存在的前提,也是行政组织权力存在和行使的依据,不能颠倒行政组织权力与人民权利、行政组织消极义务与积极义务的关系,同时也不能否定行政组织义务的天然性和法定性。宪法设定了个人权利和行政组织义务,之后才赋予行政组织以权力。如社会契约理论认为公民之间或者公民和政府之间制定一份协议,通过这份协议公民接受国家的权威,并以此获得只有最高权力才能提供的利益。

行政组织在社会中应履行的义务。行政组织必须具备一定的责任感,必须为社会、为人民做些什么,承担作为权力主体而被赋予的义务[1]。

首先,行政组织有合理使用行政权力的义务。行政组织具有公共权力,相应地便有对其拥有的权力合理使用的义务。行政组织必须善待权力的存在和行使,其行使公共权力的主要依据是其功能的本源及权利的规定,权力调整的推动力在于组织义务功能的变迁,而不是无所限制的权力扩张。行政组织的权力是为了保护个人权利必然出现的一种有成本

---

[1] 朱光磊:《现代政府理论》,高等教育出版社2006年版,第100页。

代价的工具,因此,行政组织的主要义务之一便是对行政权力的能动性约束与规范使用,采取制度和程序建设的方式来约束政府权力的滥用并且发挥权力的能动性。行政组织权力的焦点问题不仅仅是如何控制和保护组织的权力,还应该包括科学地整理、配置行政组织的权力。行政组织的权力一旦被滥用,破坏的不仅是公民权利,也破坏了行政组织的伦理原则。

其次,保护公民基本权利不受非法侵犯的义务。约翰·洛克认为,政府的首要任务是确立并保护经济和政治的权利。每个国家的宪法都确定了一个国家公民的基本公民权利和义务,行政组织有义务保证每一个公民在其权利受到可能侵犯和侵犯之后给予保护。"政府的首要义务是为公民提供保护。"[1] 行政组织的义务寓于行政组织的功能之中,为社会公众提供生存、安全、稳定、发展等基本的公民权利。法律所确定,政府就有义务通过各种方式保护公民,使其基本权利避免遭受侵害。在公民的基本权利遭受侵害时提供必要的保护措施。这样,既是维护了宪法和法律的权威性和尊严,维护了公民的基本权利的正常行使,也维护了政府自身的合法性,就是说政府维护公民的基本权利就是获得了公民对政府的认同。

再次,遵守社会规则,维护社会良好秩序的义务。行政组织作为社会各项规则的主要制定者、推动者、监督者,同时组织本身也有遵守各种各类社会整体规则的义务。现行社会中实施的各项规则体系来自公众的认可,具有严肃的法律

---

[1] 夏勇:《我这十年的权利思考》,《读书》2004年第2期。

## 第二章 行政组织的伦理实质与内涵

效应，对全社会的各个组织（包括制定规则的行政组织本身）和所有个人都有遵守的适应性和强制性。行政组织作为公民意志的代表，有义务按照平等的原则，尊重法律，主动遵守各项社会规则。这既是为了维持社会的良好秩序的需求，也是走向法治社会、公平社会的应然需求。

最后，行政组织有保持廉洁、保持勤政的义务。行政组织在自我管理、自我服务的同时，必须要接受公众的外部监督。加强以符合社会发展客观规律和大多数公众整体利益为评价标准的行政道德建设和行为建设，达到公众对行政组织自身的建设与服务的要求、需求，为社会和公众提供廉洁、勤勉的服务是行政组织应尽的义务。政府的权力具有垄断性，在政府机构之间建立一种制约机制有利于保持政府的廉洁和自律，同时应也加强舆论等外部监督。建立一个廉洁的行政组织的任务是长期而艰巨的，也正因为如此，廉洁被视为行政领域中最基本的工作道德要求与准则，在现代社会，更是被制度化为法定的义务，而非仅仅为一种软性的道德要求。勤政为民是行政组织机关和国家公务人员等行政主体的基本职责要求，所有行政人员都应依法履行职责，在各自职权范围内，认真负责地做好工作，也是作为行政工作的主体接受公众委托将行政价值从理念走向现实的唯一实践方式。保持勤勉与廉洁是行政组织自身建设的长期的义务。

由此可见，行政组织具有怎样的权利就有怎样相应的义务，与个人的权利与义务的对应关系相一致的，组织的权利与义务是不可分割的。行政组织的义务来源于其所拥有的权利，体现的是行政组织的伦理的实质，所有的权利与义务都是围绕着公众利益至上而展开的。义务的具体表现是行政组

▶ 中国行政组织伦理的现代性反思与重建

织伦理实质的应然要求,从理论上讲,义务与和公民的基本权利均紧密相关。不存在没有权利的义务,也不会有没有义务的权利。

行政组织的消极义务与积极义务。

消极义务,是指行政组织的最基本的义务。其特征可以归结为:"基本"和"最小化",按照最小限度国家的要求维持一个国家的基本运行,行政组织的职能与义务已经缩减至最小的状态,只实现公众权利的最基本的保障。"最小限度国家的功能仅限于维护全体公民免遭暴力、偷窃、欺骗并能强制实施契约。"[1] 因此消极义务是行政组织以不作为的方式保障公民或者组织的权利、自由,让个人或组织通过个人自治和社会自治途径实现自身目标,只履行其保护个人安全、个人自由和财产的基本义务。中国在民国时期以前的政府权总量很小,可算是处于最小限度国家的状态,也就是按照消极义务的工作范围履行了一个行政组织的最基本的职责。但是由于国家主权动荡,行政组织并未够借助消极义务的固有法律机制达到保护公民基本权利和自由的目标。在社会发展的任何阶段,行政组织的消极义务都是其存在的最低的底线,若突破了这个底线,行政组织就失去了存在的价值,即丧失行政组织生存与发展的合理性与合法性。在任何时期,行政组织的消极义务的履行都是基本的、必要的。

所谓行政组织的积极义务,是在履行了行政组织的消极义务的基础之上,即行政组织在运用法律制度来防止暴力、

---

[1] [美]诺齐克:《无政府、国家与乌托邦》,王建凯译,文化时报出版社1996年版,第31页。

偷盗、欺骗和强制履行契约等消极义务之外，能够直接或间接为个人提供必要的公共产品和公共服务，直接惠民和利民。"政府的任务是为所有公民提供生存、稳定以及经济和社会的福利。这是现代世界中绝大多数国家的最高目标。"① 为了达到最高目标而履行的义务是行政组织的积极义务。"自1949年以来，中国政府采取了积极义务的方式来复兴国家和保护公民的权益，这些政府义务包括：积极运用国家权力保障本国公民、法人和其他组织在国际交往的权利和利益；积极运用法定管制权保障国内社会秩序和安全；积极监管与国计民生攸关的部门和领域；积极运用公共财富为社会提供普遍的公共产品和服务；采取积极措施保证公民经济、社会、文化权利的实现即福利权利的实现。"② 这就是行政组织在履行其积极义务的表现。总而言之，行政组织的积极义务是为了实现社会中公众的发展而做出的积极努力与行动，利用组织自身所具有的权力为公民谋取更大利益的具体表现。

**3. 行政组织的责任**

在一般情况下，行政组织的责任与义务是同义的。在本书中，认为行政组织的义务与责任有着一定的区别。行政组织的责任对行政组织责任公众权利的让渡后对行政组织的行为要求与工作期望，亦包括对于行政组织的行为所应该承担的后果。行政学者斯塔林（Starling）对于一个行政组织的责

---

① ［美］迈克尔·罗斯金等：《政治学》，林震等译，华夏出版社2002年版，第9页。
② 于立深：《正确对待政府义务和政府权力》，《长白学刊》2010年第5期。

▶ 中国行政组织伦理的现代性反思与重建

任内涵这样描述："回应（responsive-ness）；弹性（flexibility）；胜任能力（competence）；程序正当（due process）；负责（accountability）；诚实（honesty）。"① 在斯塔林的观点里，他所认为的责任是从政治、经济、文化和社会等各个方面综合去考虑和衡量的，而且表现在对行政组织履职工作及活动的全过程。行政组织的责任，一方面表现为行使公共权力，履行法律义务。另一方面又体现为道义的责任。它要求行为主体不只是依据信念伦理和普遍必然性来行动，而是必须考虑责任后果。

行政组织在社会中应承担的责任。行政组织作为担当社会公共责任的核心主体，意味着组织必须承担相应的政治责任、道德责任、行政责任以及法律责任②。

首先，行政组织应承担政治责任。"行政组织对产生行政机关的公民或议会承担责任，这种责任一般表现为政治责任。"③ 行政组织的产生是应合人民意志性的，这即表现为政治责任，也是履行其他责任的前提。行政组织的政治责任与其所具有的政治性是相统一的，行政组织的理念、制度、行为是与国家政治文明中的理念、制度与行为相吻合。行政组织的政治责任主要是体现在其产生的和责任落实的政治环

---

① ［美］格林佛·斯塔林：《公共管理部门》，陈宪译，上海译文出版社 2003 年第 1 版，第 115—125 页。
② 对于行政组织（政府）应当承担哪些方面的责任，是学术界对此领域的讨论的重要议题。有"三类说"（政治责任、道德责任、法律责任）、"四类说"（政治责任、道德责任、行政责任、法律责任）、"五类说"（道德责任、政治责任、行政责任、诉讼责任、侵权赔偿责任）等不同分法。本书按照大多数学者的分类，使用了"四类说"。
③ 高秦伟：《论责任政府与政府责任》，《行政论坛》2001 年第 7 期。

境，即行政组织需厘清政党与代议机关、行政机关的关系。行政组织权力的根本来源是公民权力的"转让"，根据"权责相当"这一基本法则决定了行政组织对公民或其代议机构承担政治责任。可以说，行政组织承担政治责任是近代民主政治的根本要求。

其次，行政组织应承担道德责任。道德责任是指行政组织及其行政人员要合乎人民及社会的道德标准和规范，按照社会既定形成、公众认可的道德规则对于组织自身及人员进行相应的内在约束。这种道德责任在具体的实践表现中的要求既针对组织的，也针对组织中的个人。很多时候，人们忽略了对组织的伦理道德责任的拷问，更多地把道德责任归咎于组织中的个人。"如果政府的任何一个行政行为不能够在伦理上被合理解释，本身就是不负责任的行为。"[①] 对政府伦理责任进行行政文化塑造和制度化的规范是建设责任政府、维护社会公平公正的重要措施。针对行政组织的道德要求主要体现在行政行为的政策、制度、实施的整体过程中，作为伦理实体的行政组织，其本身是一个"整个的个体"，其行政行为的整体应经受社会道德的考量。针对行政组织中的个人的道德要求，是要求其应该严格遵守社会道德及职业道德。行政组织也有规范组织内个人的道德约束的责任。总之，无论是行政组织的整体还是组织内的个人必须经受社会道德总体规范和要求。这是行政组织的道德责任。

再次，行政组织应承担法律责任。行政组织的法律责

---

[①] 叶青春：《当代中国政府的伦理责任》，《社会科学研究》2005 年第 4 期。

▶ 中国行政组织伦理的现代性反思与重建

任,顾名思义,其核心要义是指组织或其公职人员违法而承担的否定性法律后果。行政组织应该承担法律责任是实现建设公民社会的必然要求。法律的普适性是针对社会全体的,当然包括行政组织。就行政组织承担行政责任的承担主体,学界有两种不同的观点,一种认为行政责任的承担只包括行政组织或者组织内的工作人员;另一种观点则认为行政责任的承担主体除了行政组织及行政人员之外也包括行政相对人。总之,行政组织必须遵循相关的法定程序并按照社会的法律一视同仁地承担相应的责任,违反法律应该受到惩罚,这是国家法律对行政主体设定的一种责任。

最后,行政组织应承担行政责任。行政责任是就行政组织内部体系而言,与行政组织本身的运作规则与行政程序相关,按照层级制度的特色与重点,有序地展开其行政工作。与法律责任有所不同的是,行政责任主要是针对违反了组织内部的规范规则的后果承担,特别是针对层级制度中的上下层级之间的责任担当,就组织内部体系而言,"是一种自上而下的规制或惩戒"①。

归根结底,行政组织的责任则是利用权力履行好组织应该履行的各项义务。从伦理的视域里定义行政组织的责任,行政组织的责任是一个复杂的体系,也是一种责任意识。这种责任意识来源于公众的权利让渡带来的职责和义务,同时也是对自身的合法性基础不断巩固的必然要求。行政组织的责任可以"是指积极意义的责任履行,其中也包括消极意义

---

① 栾建平、杨刚基:《我国行政责任机制分析与探讨》,《中国行政管理》1997年第11期。

的责任承担"①。与组织的义务相同，行政组织责任可以从消极责任和积极责任两个层面去理解。

行政组织的消极责任与积极责任。责任"作为民主政治时代的一种基本价值理念，它要求政府必须回应社会和民众的基本要求并积极采取各种行政行为加以满足，政府必须积极地履行其社会义务和职责"②。因此，行政组织的责任不是单个要素的简单累积，而是从内在理念到外在约束的一个有机整体。行政组织的责任也有消极意义上的责任和积极意义上的责任两种区分。

行政组织的消极责任，是从后果承担的角度来看的。这种后果包括两种指向，其中一种是与违法相联系，意味着国家、公众对行政组织违法行为的否定性反映和谴责。"行政组织责任意味着组织违反法律规定的义务，违法行使职权时，所承担的否定性的法律后果，即法律责任。"③ 从这个意义上讲，当行政组织对其违法行为承担法律后果时，组织责任便得以最低限度的保证。另外一种消极责任，是承担除违法的情况之外社会发展中出现的难以预料的后果，亦即，行政组织履行其在整个社会中的职能和义务，并不做法律禁止做的事情，但是行政组织依然要承担因为社会变迁、制度失效等原因为社会带来的发展止步或者其他负面影响的后果。当行政组织承担此后果时，更多意义上是对作为行政管理工

---

① 王玉明：《论责任政府的责任伦理》，《黑龙江社会科学》2011 年第 2 期。
② 何颖：《政府公共性与和谐社会的构建》，《社会科学战线》2005 年第 4 期。
③ 张成福：《责任政府论》，《中国人民大学学报》2000 年第 2 期。

作主体必须承担的社会治理的状态，并继续履行组织所应承担的责任。消极意义的责任履行更加侧重的是行政组织对行政管理的后果所必须面对的现状，并有其作为国家行政事务管理者的身份意识去处理和解决的能力与态度。消极意义的责任是着重在事物的过程之后，而积极意义的责任与义务着重在事物之前，这是两者的主要区别。

  行政组织的积极责任，是从履行职责的意识上来看的。这种意识包括两种，其中一种是指行政组织能够积极地对社会民众的需求做出回应，并采取积极的措施，公正、有效率地实现公众的需求和利益。从这个意义上讲，行政组织的责任意味着政府的社会回应。行政组织能够主动自觉促使社会变得更美好。从这个意义上讲，当一个行政组织在履行了自己的义务时，我们可以说政府是有责任的。另外一种意识是行政组织为了做出积极与正确的回应，而对组织自身的行政能力不断提高的意识与行动。行政能力是行政组织最基本最重要和最关键的能力。有了行政责任才会去加强和提高行政能力，努力谋求行政的更高质量的成效。这种提高组织自身能力建设的意识就是一种积极责任。从责任内涵上来讲，积极意义的责任履行更加侧重的是行政组织责任意识的培育，并能够依据行政组织的伦理实质主动践行其服务公众的使命与职责，从伦理学的角度上来看，积极意义是对自己所肩负的使命的主动性的回应与道德责任感的充分体现。正是在这种意义上，我们才将责任政府视为现代政府功能表达的一种基本理念。

  由此可见，现代政府责任有着多种表现形式和丰富的内涵，它不仅只是一种责任的简单划分，同时也建立在伦理责

## 第二章 行政组织的伦理实质与内涵

任的基础之上,是制度规范和道德内化的综合体现。"公共行政必须首先建立起服务于民众的普遍信念,才可能明确责任"①,这实际指出了行政组织的责任所具有的伦理性。

在本章中,行政组织的权利、义务与责任构成了行政组织的伦理内涵的具体内容。旨在说明,行政组织作为一个伦理实体,无论是其内在的制约还是外在的约束,其伦理实质是为公众服务,为人民谋利益。通过对伦理实体的伦理本质的探寻,我们针对行政组织的讨论不仅应该停留在"做什么""怎样做"的层面,而是谈其本源要去思量行政组织"为什么这样做"的问题。审视组织自身的发展问题,不仅要看问题本身,还要看到组织本身的问题,不仅要知其然,更要知其所以然。这些当然都离不开伦理的视角。破解行政组织的发展问题,让我们先从行政组织自身的伦理困境开始。

---

① 张康之:《公共行政中的责任与信念》,《中国人民大学学报》2001年第3期。

# 第三章　行政组织伦理的困境

作为创生伦理实体的行政组织，按照人类的预想，在理性的现代社会里有序地运转和工作。按照公众利益至上的伦理要求，体现出主权为民的目的与宗旨，为人类在社会发展的正常轨迹上不断推进。然而，这只是一幅应然的理论图景，我们在现实生活中发生并感受到的却并非完全如此，甚至有时会感觉差距尚大。美国现代著名政治学家塞缪尔·P.亨廷顿（Samuel P. Huntington）认为，"现代化使社会基本价值观念发生变化，现代化开创了新的财源和权力渠道，使新的利益集团产生；现代化通过扩大政治系统输出功能，增加了政府的管理活动，因而权力腐败的可能性也会增加"。[①] 令人不可否认的是，公众整体利益被行政组织或组织内人员所侵蚀的现象在各个国家都有不胜枚举的案例，生态环境为发展所付出惨重代价到现在仍然得不到让人们普遍信服的有力举措，成了一个没法打破的发展过程中的魔咒。事实与理想之间的距离再一次提示人们：只要存在公共权力，就有公共

---

① ［美］塞缪尔·P.亨廷顿：《变动社会的政治秩序》，张岱云等译，上海译文出版社1989年版，第64—73页。

权力被非公使用、错误使用的可能性。作为创生的伦理实体，是有可能不是将全体人民的利益作为其伦理功能的出发点，而是自身利益作为人类活动原始动因，进而决定着行政组织的行为方向的可能性。现代社会的行政组织在为了效率高速运转的同时，带来了诸多问题。这些问题对行政组织伦理提出了全新的现实诉求，让我们从伦理的视角来审视行政组织的困境。

## 第一节 难以确定的道德责任主体

我们一直在强调的是，组织是一个"有机团结"的群体，是一个"整个的个体"，但又不能仅仅用一种个人的道德要求去约束组织。行政组织是一个创生的伦理实体，有其价值导向和伦理诉求。在"有机团结"的现代行政组织里，行政组织的各个部分按照分工，相互联系，以整体性的角色共同履行和完成工作任务，保证行政组织各项行政事务的正常运行，最终形成工作结果。一个组织的工作结果是在行政组织全体成员的共同参与下完成的，环环相扣，缺一不可，相互依赖。从这个角度上讲，现代行政组织是整体的、系统的、严密的，而且是需要相互协调配合的有机整体。但是与传统行政组织有所不同的是，在现代性的社会中，由于分工与交换高度发达，行政组织逐步地迈入了最细化的分配分工，最合理地安排任务，最科学地使用现代工作方法达到最快速的工作效率的旋涡中，行政组织的人员各有细化的分工与任务，这些分工在整体上密切关联，在程序上环环相扣，但是承担工作的行政人员在逐渐

▶ 中国行政组织伦理的现代性反思与重建

培养为一个领域专家的同时对其职责之外的工作却是毫不知情。也就是说，每个领域都在自己的局部内下棋，领域内的人缺乏大局感和全局感，过于专注自己面前的棋子，对于事务缺乏整体性理解。因此，人们在合作与团结的表象之下建立的是一种"间接依赖"的关联。这种关联，只与工作结果相关，与人无关，与抽象的工作总体相关，与具体的总体工作无关。在一个组织内部，甚至是一个组织的各领域间不存在一种直接的连贯的从属关系，而是相应地拉开了距离从而相对分离了。现代性的特性促发了行政组织对微观事物的深透性研究，而间接忽略了对事物的整体性运筹把握。而任何微观的事物只有放在整体的格局中才会彰显其存在的意义，当微观事物的执行者开始忽略整体的目标和愿景却只关注于眼前的领域的时候，整体性的危机就产生了。20世纪的纳粹德国的大屠杀可以更好地说明这种以极具现代行政组织行为特征的复杂性，道德责任主体的指认在这受谴责的集体组织行为中被分析。这个案例中，这场灾难最重要的道德责任主体究竟是谁？无论从哪个角度来看，人们寄希望于屠杀600万犹太人生命的恶行仅是希特勒（Hitler）一人"按计划、有秩序"完成的，也就是希特勒被公认是这场浩劫的道德责任第一人，但实际上这么庞大的计划是他一人没法完成的，希特勒的团队里不仅有着高级将领、各类专业人才，还聚集了成千上万的德国热血青年。当人类站在历史的角度对这场屠杀浩劫进行审判的时候，那么除了希特勒本人，还有哪些人应该被指认是这场浩劫的道德责任主体？人们认为参与屠杀的所有成员都难以逃脱正义和法律的审判，从社会成员的角度分析，人类的"良心"被泯灭，参与大屠杀的纳粹整体都犯下了滔天罪行，即便从某些个体来讲，既不了解整盘的屠杀计划也没有实施屠杀的具体行为，但是其行为是保证大屠杀得以顺利实施的不可或缺的每一环。然而就传统道德的范式对其进行评价，我们又会发现传统的道德法庭能够给予明确定义罪行的理由并不那么充分。从组织成员的角度分析，纳粹成员履行了自己的义务"服从"，而"忠诚"与"服从"向来是传统道德的美好品质；从组织成员的行为角度分析，更多的纳粹成员并未直接参与杀害行为本身。因此，哲学家汉娜·阿伦特（Hannah Arendt）提出了一个全新的概念——"恶的平庸"，用来指称行为结果极恶但无直接作恶动机的道德行为主体。大屠杀让人痛彻心扉，留给人类的绝非只是屠杀行为的本身，它一再引发了我们对组织道德责任主体的追问，将行政组织的伦理问题推进了学术界的视野。《现代性与大屠杀》的作者齐格蒙·鲍曼指出，在纳粹大屠杀整个漫长而曲折的实施过程中，从来未曾与理性原则发生过冲突，这反而是非常可怕的。其次，是关于理性化的制度，也即官僚机构的形成与完善。无论大独裁者希特勒的杀人的想象力如何大胆，如果没有一个庞大的理性的官僚机器以常规程序付诸实践，终将一事无成。《现代性与大屠杀》从社会学出发，最后回到伦理学，主旨是道德责任问题。若细心留意便会发现，在现代社会里，行政组织难以确定的道德责任主体的伦理困境在不时上演着，组织中个人没有伤害动机却造成了伤害事实的组织行为一次次在生活中重播，让我们不得不审视组织伦理困境。先看一个真实案例。

▶ 中国行政组织伦理的现代性反思与重建

## 案例一："没有人幸免于罪"

2003年6月21日傍晚，成都某居民楼发现了一名小女孩的尸体，经确认，尸体为李思怡。随后进行的尸体检验显示，李思怡死于饥渴。警方、检察院、法院的事后调查得知，6月4日，中午饭后孩子的母亲李桂芳将孩子反锁在家，当日下午李桂芳因偷盗被金堂郊区派出所民警黄小兵带回派出所。

李桂芳是吸毒人员，在派出所进行尿检结果呈阳性。在黄小兵对李桂芳第一次进行笔录的过程中，李桂芳称其家中只有一个无人照看的小女孩。

黄小兵向副所长王新汇报了后，王新再次批准对李桂芳进行强制戒毒。黄小兵也向王新汇报了李桂芳家里还有一个无人照顾的小女孩。

就李桂芳的情况，黄小兵向团结村派出所进行了核实。

王新在请示当时金堂县公安局的值班领导吴仕见的请示报告里写明了李桂芳家里有一个无人照顾的小孩，但吴仕见仍然批准对李桂芳强制戒毒。这样对李桂芳强制戒毒的手续齐全。

晚上22时左右，李桂芳在第一辆警车上，李桂芳告诉了警察王新她姐姐家里的电话号码。王新让同车的卢晓辉给李桂芳姐姐打电话。卢晓辉打通电话，但是没人接。

王新又让卢晓辉查到了团结村派出所的值班电话。这个电话也打通了。6月5日凌晨，在戒毒所办理完了各种手续。之前李桂芳再次就孩子的事情请求王新落实，其称已经告诉团结村派出所了。第二天上午，黄小兵值班。上午9时左右，王新、卢晓辉让黄小兵再与团结村派出所联系，黄小兵回答说联系了。

从6月5日上午直到21日傍晚，都无人再过问这件事。3岁的李思怡一个人被锁在家里。这个小女孩一直在求生，并慢慢死去。①

这是一个让人愤怒又无奈的例子。在整个事件的过程中，仅从公务执行的状况来讲，无论是四川金堂县城郊派出所、青白江区团结村派出所似乎都没有违背他们的公务职责，没有违反工作的条例，按照既定要求，符合拘留和强制戒毒的条件后将当事人拘留并送往戒毒机构。把治安事务放在头等重要的位置无可厚非，可是一个幼女就在这样一系列的流程化的操作中被忽略并饿死了，谁为她的死亡负责？学者康晓光为震动全国的李思怡事件写了一本书，书名是《起诉》，在这本书的扉页上这样写着："没有人幸免于罪，我们就是李思怡的地狱！"然而让我们觉得痛彻心扉的是，当年康晓光在书中所写的："李思怡的死已经使我们肝肠寸断，但比这更可悲的是她并不是第一个，而且也不是最后一个。这才是李思怡悲剧的全部！"这句话竟然不是一句怨言，而是成了一句预言，时隔9年之后，2013年同样的悲剧在南京再次上演，不同的是这次死亡的是两个无人照顾的幼儿。

"6月21日，南京市江宁区泉水社区民警发现两个幼女死亡，其母乐某下落不明。2013年2月，乐某的同居男友因为容留吸毒被判拘役6个月，而乐某也因曾经吸毒成为民警

---

① 冯玥：《没有人幸免于罪》，《中国青年报》2004年8月25日第4版。根据报道整理。

特别关注的对象。目前,乐某因涉嫌故意杀人,已被江宁警方刑事拘留。"①"面对李思怡惨剧,康晓光曾追问过,除了需要承担刑责的当事人,其他人就可以心安理得地转身离去吗?谁有责任保障小思怡的权益,并不是什么深奥的理论问题,《民法通则》《未成年人保护法》《城市居民最低生活保障条例》都有相关明确规定。首先,她的直系亲属负有这种责任,其他亲属、朋友和邻居在道义上有帮助她的责任。在现代社会中,行政组织和民间慈善组织负有这种责任。康晓光到成都实地调查,希望知道那些应该关照小思怡的人和机构都做了什么。然而结果让人浑身发冷:在监护人不可能履行职责的情况下,竟然没有一个机构和个人愿意承担这份责任。小思怡没有得到来自政府的任何救济,也没有得到来自任何团体以及各类公益组织的任何帮助。"从这两起相似的案例中,谁为这三个孩子的死负责?即便是真的没有人能够幸免于罪,在现有的道德范式之下,谁直接为这一起起幼儿死亡事件直接负责?我们很难确定道德责任人,这就是行政组织的行为个体的碎片化、道德的碎片化带来的责任主体的不确定性。那么,个体行为是怎样碎片化的?现代性的背景如何催生了碎片化的加剧?道德的碎片化又与行为的碎片化有着怎样的逻辑关系?

### 1. 个体行为的碎片化

"碎片化"是中国社会传播语境的一种形象性描述。碎

---

① 徐百柯、李润文:《十年了,依旧没有人幸免于难》,《中国青年报》2013年6月26日第9版。

片化已成为社会发展的趋势，人们会感叹"碎片化阅读""碎片化思考"，意指现代化的生活方式将时间分割成了更细小的单位，是受众追求自我、追求个性的必然发展。行政组织中个体行为的碎片化也成了一种必然趋势，而且随着现代化进程的进一步推进、科学技术水平的进一步提高更加加剧了个体行为碎片化的程度。我们所处的现代社会中的行政组织与传统社会有着较大的差别，在第一章中我们对现代性的特点进行了简要的概括，可以判断现代性对社会发展的冲击让我们体会了传统社会与现代社会的巨大差别，这种差别席卷了社会的各个领域，社会现代化过程引发的是行为方式、思维方式的革命，同样也带来了行政组织伦理需求的差异。伴随现代性而产生的组织内高度分工与专业化带来了行为与结果的时空分离，导致了组织内人的行为的碎片化。

在案例一中，每一个在处理这件案件的人员似乎都履行了自己应尽的公务职责。首先，客观上讲，李桂芳由于盗窃被拘留符合法律规定，尿检呈现阳性，因此，李桂芳被强制戒毒符合我国法律规定的戒毒条件。其次，在整个事件的处理过程中，民警黄小兵亦不可不算认真地履行了职责，按照要求向领导层级汇报，全面填写了材料，另外根据李桂芳的描述与她居住地的派出所进取得联系。最后，其他人员如王新、吴仕见、卢晓辉等人，也按照要求在相应的时间里对此事有了意见和有所行动。如果我们将这整个事件割裂成一个个小时间段来看，在每一个时间段的公务人员都按照既定规则履行了工作职责，每个人也只是这一系列行为中的一个环节，每个人也只为其中的所处环节的行为负责，案件中所有的公务人员都不肯也不曾抬头看看事情的整个始末是否尚有

▶ 中国行政组织伦理的现代性反思与重建

需要解决和关注的其他问题。整个事件的过程中，每个人都不是这整个事件的一连贯的负责者和知情者。黄小兵并不知道领导王新和吴仕见在批复了强制戒毒意见后对当事人所提及无人照料的小孩的处理，王新亦不知情当事人所居住地派出所的处理进展。在行政组织中，披着按照规矩办事的合理的外衣，每个人的行为都在认真履职的同时碎片化了。在南京幼女的死亡事件中，同样难以查找出行政组织和任何有关单位的明显失职和疏漏。没有明显的失职和疏漏意味着不能依法追究某个人和某个组织的责任，但是我们的良知对自身的起诉，已然开始。我们无法知道，在同样一扇紧锁的门后，两个孩子如何求生，又如何死去。但是我们必须要日渐清楚，在现代社会里，我们对现代行政组织的伦理期待。需要关注的弱势群体的救助体制的不完善不仅仅是制度本身的问题，需要我们将视角更加深入地投射到现代组织伦理的问题中来，让这些"精致的冷漠"导致的人间悲剧不要一而再、再而三地重演。

　　现代组织的机构日益健全与功能的日益庞大，理性化的要求带来了程序的严谨与复杂，个体劳动之间虽然环环相扣，但工作过程与工作结果之间的时间周期在不断拉长。传统自然经济中的人们从事的大都是简单的劳动，这种劳动往往一个人或者几个人就能独立完成，即便不是在短时间内个人完成的，在劳动生产中的"需求与行为""行为与行为后果"之间的关系却是十分简单，这种自给自足的生产模式和生活方式使个体的行为与行为后果直接统一。在现代社会里，任何一种行政组织都承担管理社会公共事务的某种职能，在现代各国国家行政机关干预社会事务的范围和程度不断扩大和加深,由于行政组织直接或间接干预和管理经济等社会事务,行政组织不断地演变成为一个规模庞大和结构复杂的社会系统。在管理行政事务的过程中,具有隶属和制约关系的完整权责分配体系被确定,不同层次、不同业务部门、不同区域以及不同管理功能和程序按照相应的组织结构被设置。经济发展水平、社会政治和经济制度以及文化传统诸因素制约和影响着行政组织的建立、调整,当然这其中也包括其各自的历史条件,行政组织适应客观需要不断进行调整,总体上是愈加庞大和功能增加的过程。这个庞大的体系与传统社会的相对简单形成了鲜明对比。每个个体劳动都是工作链条中的一环,"行为与行为后果"之间的关系变得更加复杂,个体的行为与行为后果直接统一由于时间的不确定而变得难以全面掌握。

现代行政组织的高度分工带来了个体工作的规范化与专业化,造成了个体与个体之间工作领域的极大差异,个体工作的作用所占比例越来越小,个体难以总窥工作的全貌,带来了行为与结果距离的不可逾越。在传统社会里,传统农业社会的结构是混沌未分的,行政组织与其他立法、司法组织混同,行政组织内部化程度亦很低,一个人既可以在其中一个领域中工作,也会了解其他领域的工作状况,甚至可以一身多能。而现代社会则正好相反,如帕森斯(Parsons)就说过,组织的发展已成为高度分化社会中的主要机制,通过这个机制,人们才有可能完成任务,达到对个人而言无法企及的目标。现代社会是高度分工与协作的社会,几乎每一种事业都需要很多人来共同从事,而每个人不仅是完成整个任务中很少的一部分,更为突出的特点是行政组织对专业化、科

▶ 中国行政组织伦理的现代性反思与重建

学化的追求带来了各个分工领域的极大不同，这种不同引发了一个组织内工作技艺上的不通，工作领域已经相对地独立和隔离了，人们对自己分工之外的工作运行既是工作职责之外的事情不在履职范围之内，同时缺乏全面了解和掌握精通整体事务技能的渠道。各个领域在高度分工化的发展趋势下，个体劳动进入了更加细化的技术化轨道，随着现代科学技术的不断发展和在行政组织中的广泛应用，系统的庞大带来了个人工作作用的缩小，这样行为与行为结果之间存在着诸多中介，也就是说，这里的行为是有着内在结构的集体行为。每个人只是庞大体系运行中的极小一部分，就如一台机器上的螺丝钉，整个过程的结果既与之密切相关，却难以一窥全貌。

随着现代社会科学技术的飞速发展，现代组织的工作模式正悄然发生了巨大变化，在科技发展的催化下，行政组织的行为与结果突破了传统行政组织空间上的有限性而变得更加灵活多元。现代组织与传统组织的更大差异在于对工作空间、时间可掌握的灵活与自由。尤其是互联网技术的诞生和迅猛发展为人类完成一项巨大工程提供了更加丰富便捷畅通的相互联系、传递指令、交换信息的渠道。空间和距离已经不能阻碍组织工作的完整性，组织甚至可以根据工作的具体需要而改变和设置到随心所欲的地步。这一点，与传统组织的必须固定在同一工作地点、必须集中人群才能共同完成一项组织任务，相比较而言，现代行政组织可以以多种方式异地联系掌控同一件工作的运行进程。现代行政组织在对集体内部的行为指导控制上有了更多的技术手段和优势，可更加自如的要求和指挥这些行为按照既定程序有逻辑地进行。在这种工作背景下，人们都在享受现代工具带来的便捷，但是个体已经更加没有可能掌握整体行为结果之后的目标。就如马克思深刻地阐释了官僚精神形式主义的怪圈："它的等级制是知识的等级制。上层在各种细小问题的知识方面依靠下层，下层在有关普遍物的理解方向依赖上层，结果都使对方陷入迷途。"① 工作运行在每一个个体的操作之中，工作结果却远离每个系统的个体之外。现代行政组织已经逐步形成了行为与结果的时空分离，在高度的分工和专业化势不可当之后，行政组织内逐步地缺乏了一种将信息聚合的能力，组织中的个体在现代性的特点中成为一个个更加微小的点，组织内的人们的行为已经愈加碎片化了。

### 2. 道德的碎片化

对于道德的研究向来是以个体为单位的，道德是个体与人类统一的文化机制，在一定的时间和空间内有着共通性和普适性。个体以道德约束自己并控制行为，达到与他人交往的有机融合，促进社会和谐。行政组织以整体性的角色履行行政使命，但是正如上文所论述的，个体的行为与结果却是时空分离的。约翰·拉赫斯（John La Hess）指出行为的中介（Mediation of action）是现代社会最显著和最基本的一个特征。有很大的一段距离存在于意图和实际完成的过程中，这段完成的过程空间里大量的细微行为和不相干的行动者充斥其中。行动者的目光被"中间人"遮蔽，让他看不见行为的结果，不知个人行为在整个事件中的作用，行为的碎片化

---

① 《马克思恩格斯全集》（第三卷），人民出版社2002年版，第60页。

▶ 中国行政组织伦理的现代性反思与重建

导致了道德的碎片化。个人道德对行为的约束作用开始变得更加微观和力不从心。历史也告知我们,现代行政组织中也有让人印象深刻的"集体无道德"带给人类灾难与反思。"水门事件"中的尼克松政府,大屠杀中的纳粹组织,许多学者在著作中对这种景象都做了深刻的分析和揭示。

行为的碎片化使行动的结果移出道德限制所能及的范围,这样,行动者与意图明了的源泉和行动的最终结果相割离,人们就很少能有做出选择的那一刻,难得关注总体行动的结果;更为重要的是,他们几乎从不把他们所注视的一切理解为个体行动的结果。在这一点上,罗伯特·杰卡尔(Robert Jsckall)在做了调查的基础上,得出结论:官僚机构是"道德迷宫",它把"本质从现象"分割开来、把"行为从责任中"分割开来以及把"语言从意义中"分割开来。官僚制度"侵蚀了内部的甚至是外部的道德标准,这个不仅是一个关系个人成败的问题,也是一个管理者每天的工作都要面临的问题"①,就如案例一所讲,我们相信案例中涉及的所有人在个人的道德层面来讲都不会容忍几名幼儿饥渴而死的悲剧发生,但是并没有人能够预见并阻止类似悲剧的一再上演。那么,对其中的公务人员仅从个人道德冷漠的批判显然并不适用于此案件相关的人员,这已然不是个人道德的层面能够去审视和处理的问题。行政组织通常会出现集体无意识,个体道德在集体行为的分散中逐步"退场",传统道德已然不能约束行政组织的整体行为,个体的道德在整体行为

---

① [美]特里·L. 库珀:《行政伦理学:实现行政责任的途径》,张秀琴译,中国人民大学出版社2001年版,第165页。

## 第三章 行政组织伦理的困境

中已经碎片化了。

道德碎片化的另一个重要原因是在一个理性的社会中，技术性道德逐步替代了传统道德。人们对科学与技术的追求不断掩盖了道德的本身含义。挣脱了传统，离开了宗教，人们开始相信理性，依靠理性来重建社会秩序。在行政组织体系的背景下，行为的另一个同等重要的后果是行为对象的非人化，也就是可以用纯粹技术性的、道德中立的方式来表述这些对象。作为对象的人已经被简化为纯粹的、无质的规定性的量度，因而也就失去了他们的独特性。在大屠杀中，集权组织公然取消"不应杀人"这样的人类道德信条，而把杀人变为公众服从的法律命令，并无比狂妄地用"历史或种族必然法则"来从事对人性的改造。鲍曼认为现代组织恰恰成了一种能够做不受道德约束事情的方式。因为在一个组织里，组织内的人内心恐惧被消除了，大家陷入集体责任等于无责任的状态中。正因为这样，就算这种事情实际上没有发生，但是对于发生大的"恶"的可能性一直存在，其给人类带来的威胁和危机也是不可避免的。最近几起国内众人皆知的恶性贪污案件中，有这样一种现象值得关注，贪污受贿、行贿的官员以及为自己谋取利益的工作人员固然胆大包天、罪有应得。但是在受到处分的人中，有这样一群工作人员，他们执行上级的指令，将上级官员的行贿礼品现金等帮忙送至受贿人手中。从这些人的角度出发，他们不过是完成了上级交代的一项工作任务，本人并未从中捞取私利。也就是说，他们既不是贪腐群众利益的始作俑者，更不是贪污腐败的直接责任人，甚至也不算是行贿之后的直接受益者，但他们的行为却成了贪污腐败案得以进行中的重要一环。这种并

▶ 中国行政组织伦理的现代性反思与重建

非为个人获利仅仅执行上级命令的行为该如何定义？"处于官僚主义行为轨道里的人不再是负责的道德主体，他们的道德主体性被剥夺了，并且被训练成了不执行（或相信）他们的道德判断的人"。[1] 贪污行贿本是人人皆知的违反道德无视法律的行为，却在组织里的个人道德中"出场"，取而代之的是另外一套行为准则。近几年轰动全国的山西"塌方式腐败案"、衡阳人大代表贿选案、南充市党代会有组织公款拉票贿选案，层出不穷的"大老虎"和"小苍蝇"固然有法律的严厉制裁，但是受到惩罚的人群中存在着一群"被训练成了不执行（或相信）他们的道德判断的人"，行政组织内的道德法则胜过了个人的道德判断准则，道德的碎片化带来的后果让人深思。

随着互联网的普及，当虚拟空间开始大面积在人类实践生活中蔓延，道德的碎片化开始有愈加明显的趋势。不可否认，互联网在中国的政治生活、经济生活和社会生活中占有非常重要的位置，高度的网民网路参与率让所有的公共事件都有了能够演变成为一个网络群体事件的可能性，网络让人们对社会公共事件的道德辨别有了通畅便捷的"发声渠道"，构筑了人人平等的"发声平台"，对政治、文化、道德、社会制度都产生了深刻的影响和促进。然而我们同样也应看到：中国网络社会道德文化正表现出一种明显的"解构化"倾向，这种"解构化"是与道德的碎片化紧密联系在一起的，透露出疏远理性、道德绑架、破坏稳定的道德碎

---

[1] ［英］齐格蒙特·鲍曼：《生活在碎片之中——论后现代道德》，郁建兴等译，学林出版社2002年版，第304页。

片化解构倾向。不仅是行政组织内部的人员，道德的碎片化已经成为席卷全民的一个弥漫性趋势。我们不难发现，网络文化的"道德拷问"来势汹汹，尤其当与社会许多刻板、成见相联系的时候，几乎只要举起"绝对正义"的道德大旗，就能实现网络社会大量群情激愤的网民的"虚拟大串联"，甚至不明真相的"吃瓜群众"也可以直接成为网络上道德讨伐的义正词严的主力军，对于事实真相的冷静思考和理性分析、包括对真相分析的聆听都被摒弃，甚至真相本身也被刻意忽略。当事实的全貌在"百转千回"后逐步"露出水面"，才忽然发现网民之前热烈的义愤填膺或者深恶痛绝都是网络公共事件阶段性的产物，有时候甚至是与事件之初的言论所指是背道而驰的。即便是真相终究大白，大量网民的声势浩大的道德声讨也不会真的会烟消云散。一直以来的"人肉搜索"、道德审判，绑架司法，尤其"成都被打女司机""河南省西华县女中学生被老师强奸"等事件中不断出现舆论逆转，道德谴责和抨击所造成的民众普遍的道德碎片化。

### 3. 难以分辨的责任主体

行为的碎片化与道德的碎片化必然会导致责任的难以确认。行政组织行为是有计划、有秩序、有控制的集体行为，分析组织道德行为的责任，远比分析个人道德行为的责任复杂。在现代行政组织里，行为结果的时空分离是造成碎片化的主要原因，也就是说，这里的行为是有着内在结构的集体行为。在需要许多人参与完成的行为后果面前，成果是归集体而不是个人所有。因而带来的必然结论是：也无一人能对

▶ 中国行政组织伦理的现代性反思与重建

工作的结果负责。现代行政组织使每个成员无法自然承担相应的道德责任，无法了解和明确行为后果的最终性和无法预计的遥远性，除此之外，因为程序理性"命令—服从"机制的存在，每个人都理所当然地认为道德责任归上级所有，没人认为组织中的行为是自己可以主动承担和选择的，因此组织中的道德责任发生了转移，发生责任不确定现象，出现道德责任主体的不确定性特征。这里，就产生了一个重要的问题：在一个行政组织里，谁是责任主体？

一个行政组织的责任主体是不是这个组织的领导？在事件的整体过程中，过多的中介与个体分解了整体任务，个体成为与整体目标既相关又不相关的微妙所在。现代行政组织中行为与行为结果之间存在着许多中介，当集体行为发生过错时，往往产生"有罪过，但无犯过者；有犯罪，但无罪犯；有罪状，但无认罪者"的局面。按照我们最为质朴的判断依据，俗话说"擒贼先擒王"有没有道理？这个组织的领导就应该为组织的所有行为负责？曾经，艾希曼在被审判的时候认为他只是一个齿轮上的一环，他从未亲手杀害过一名犹太人，他认为自己无罪。这种对自己的辩护显然经不起人性和道德的审判。那么我们不禁要反问，有罪的仅仅是纳粹的领导者希特勒一个人吗？答案是否定的。我们不能想象，一次人类历史上最残忍的大规模屠杀事件，人类只将其中的领导者一人定罪。应该说，身在这个组织中的每个人都为"有组织、有计划"的大屠杀做出了"贡献"，都难逃道德的审问和正义的责罚。一直强调并使用纳粹大屠杀的例子并不是说要将纳粹组织的问题的集体道德问题简单地套用于中国的问题，我们要做的当是把握解决问题的精髓，以期从中

## 第三章 行政组织伦理的困境

获得可能的灵感。回到开篇案例的问题，谁为小女孩的死亡负责呢？负责人当然难辞其咎，但是其他人呢？是黄小兵？是王新？还是她母亲自己？要使集体行为真正确立，使众多的个体形成合力，除了目标一致外，关键之处在于对集体内部的行为是有着一个严密的指导控制系统，在这个控制系统的作用下，组织行为按照程序有序地进行。现代行政组织正是有着更为严谨的逻辑程序而让组织中的人驱力共为的。

那么，存不存在行政组织的"团体责任"呢？组织是否应成为道义责任的载体，即组织的"团体责任"是否存在，如果存在又是哪种意义上的责任？通常人们认同的道义责任主体都是个人，都定位在个体的行为上。小女孩被饿死的案例在这里引发的思索不仅是在对具体经办的人的问责上，在这件事情上，没有人能幸免于罪。对于到底谁负有责任的问题虽然非常模糊，可是让我们更加清晰地认识到，对一个有行为能力的行政组织的责任的分解，是一个艰难的伦理问题。一个组织的"团体责任"包含了对每个个体的责任定义，也应成为每个组织成员个体培育道德责任的土壤，是个体责任的成长沃土，是与社会发展的共同的"善"与个体成长的伦理诉求相一致的精神家园。即有什么样的伦理团体责任就会有怎样的工作团体责任的具体体现。

在这里我们来看两个明确对表示相关组织和部门提出负有责任的例子。一是2015年的上海外滩踩踏事件：2015年1月21日，上海公布"12·31"外滩拥挤踩踏事件的调查报告，认定这是一起对群众性活动预防准备不足、现场管理不力、应对处置不当而引发的拥挤踩踏并造成重大伤亡和严重后果的公共安全责任事件。黄浦区政府和相关部门对这起事件负有不可推卸的责任。调查报告建议，对包括黄浦区区委书记周伟、黄浦区区长彭崧在内的11名党政干部进行处分。尤其值得注意是，在调查报告中，对黄浦区政府等行政组织应负有的重要职责、事件责任做了详细具体的说明。这些受到处理的官员既有身为领导者负有领导责任而难辞其咎，也有因其所处的部门对于整个事故有间接责任。这些具体的团体工作职责是"团体职责"的外在体现和实践延伸。另外一起案例中，2015年的"8·12"天津港爆炸案，从涉及政府部门来看，天津市交通运输委员会7人获刑，天津港集团方面5人获刑，天津市两级安监部门是4人，天津海关部门是5人，天津市滨海新区规划和国土局是2人，天津海事局是1人，交通运输部水运局是1人。25名职务犯罪被告人中，原职级为正局级2名、副局级6名、正处级10名、副处级7名。官员的行政级别高，对应的不只是权力大，更重要的是责任重大。尤其是关键部门、关键岗位，对事故的发生具有决定性"失守"的官员，更是难逃法律的严惩。在"8·12"事故系列案件审判中，有一个突出的特点，那就是大量政府官员被判玩忽职守罪，并且是实刑、重判。以往一些安全生产责任事故案件中，人们往往关注审批责任多于监管责任、滥用职权多于玩忽职守，对负有监管职责的被告人和犯有玩忽职守行为的被告人的处罚相比较轻。这样的判罚，容易给一些职能部门和公职人员带来错误的理解，以为玩忽职守、为官不为算不得什么大问题。"8·12"事故的惨痛教训，让人们更多看到了"失察"之害。正如公诉人在法庭上一再提及的那样，这么多个环节，哪怕其中一个环节多一分尽责，或许悲剧就不会发生。

从案例一中的舆论与道义上组织受到指责的"无人幸免于罪",到两起被公开透明审判的公共安全事故中被明确处罚的"组织及个人均未能幸免于罪",事故发生的"决定性失守"从以往的责任不明确而逃脱逐步步入了人们的视野,这表明了将组织伦理实体的研究从一种机体不适到开始获得关注的过渡。行政组织的"团体责任"越来越被学界、政界、社会所认知到,它昭示着中国伦理道德的建设已经进入一个重大转折和转换的关键期,这就是我们所讨论的"团体责任"的范畴。"团体责任"并非简单地从领导的一个人获罪的一个极端过渡到集体都有罪的另外一个极端。"团体责任"有别于"眉毛胡子一把抓",所有人都承担一样的责任,组织内的人人皆有罪。"团体责任"的伦理内涵是将在具体的事务中,根据现代行政组织时空分隔的特点,区分出行政组织中环环相扣的每一环、哪些环连接成为实际存在的责任主体。在一个责任链条中,除了组织的领导者、责任事故最直接的接触者,组织中的链接点被清晰地圈出联结为一个完整的责任脉络,让组织不再成为难以辨认的责任主体。只有立足于行政组织的整体性的伦理视角,客观把握行政组织集体道德行动的现代性特征和规律,依据组织伦理理论的创新应用,才能根据社会现实需求而创新行政组织集体道德行动的理论建设。

## 第二节 组织对个人的道德的制约

具有强大行动能力的现代行政组织,既对组织内成员的行为价值取向发生着明显的作用,也对生活于其中的社会造成了

▶ 中国行政组织伦理的现代性反思与重建

巨大的影响。对于组织内人的道德的制约，人们已经初步形成了共识。身处行政组织中的人，一直都面临着一个普遍性的伦理难题：如何解决社会中的道德要求与组织道德要求的冲突。身处现代组织中的人们已认识和感知到这种作用和影响，在社会普遍公认的道德要求与组织内的道德要求不一致的时候，组织内的个人该服从哪种道德判断和行为准则？当今社会，由于现代思潮的冲击，行政人员对于这个世界以及自己在这个世界中位置的思考，开始有了一种不同的方式，角色和价值观不被看作绝对的东西；社会开始呈现多元化，由此对行政组织和行政人员的道德的制约也开始呈现。

**案例二："侯宜中：我是环保局的'叛徒'"**
——环保书记侯宜中的困惑

2009年2月，侯宜中等203名仪征退休干部职工，联名向国家环境保护部致信，说明仪征的污染现状。因为"环保局前任领导"和"举报者"的双重身份，事件曝光之后，侯宜中成为各方关注的焦点，他给自己定性为"环保局的叛徒"。2009年5月25日，新华社"新华视点"播发了《仪征：为何对污染企业"无能为力"？》的文章，文中提及：为了关停辖区内的两家污染企业，江苏省仪征市环保局原党组书记侯宜中奔走呼吁4年多，报送调研材料累计数十万字，却至今无果。在重重阻力下，侯宜中继续向上反映仪征的环保问题。2009年2月，侯宜中等203名仪征退休干部职工，联名向国家环境保护部致信，在联名名单上，除环保局的前任领导外，还有仪征医疗、工商等主要部门的退休领导。这些敢于直言的退休干部成为侯宜中坚定的"盟军"。

## 第三章　行政组织伦理的困境

联名信很快得到环境保护部副部长潘岳的批示。随后,《中国环境报》的记者前往仪征采访,并于4月8日,在该报头版发表文章,刊登相关部门对侯宜中等人提出问题的答复。2009年5月,新华社记者前往仪征采访,并作报道,仪征问题开始为国人所关注。仪征的环境问题,日渐明朗。

然而,"盟军"的领军人物侯宜中,在家里却近似于孤家寡人。他的儿子儿媳均在仪征当地上班。与退休干部不同,他们和许多仪征在职官员一样,不愿提及环保问题,担心受到牵连,影响前途甚至丢掉饭碗。侯宜中坦言,事发后至今,并无人威胁过他,也无人利诱过他,但他还是为人身安全担心。①

已退休的侯宜中带给我们良多思索,这个案例引起我们关注的不仅仅是环境污染本身,更多思考来源于行政组织对组织内的个人的道德的制约。现实中这类案例并不鲜见,它普遍地存在我们生活的各个角落以及一些人们的日常行为中。若不深究,便在见怪不怪的心知肚明中过去了。在这个案例中,我们可以发现三个问题:其一,身在环保局作为领导的侯宜中所发现的环境污染的问题一定是一个经过长期积淀而形成的,为何之前和现在的所有环保局深知内情的行政人员之前并无人关注和呼吁,侯宜中称呼自己为环保局的"叛徒",他到底背叛了谁?是背叛了环保局?还是背叛了环保局里的同事?那他为何坚持要成为自己口中的"叛徒"?

---

① 王鹏、侯宜中:《我是环保局的"叛徒"》,《京华时报》2009年6月15日第19版。

其二，关注环保，提出解决民生的关键问题本该得到其他人的支持和响应，但是成为侯宜盟军的却为何都是退休干部，而并无在职人员。看到父亲为了公益的事业奔波呼吁，侯宜中的子女为何并不明确地支持，更多的却是担心自己的"饭碗"。其三，除了环保局之外，当地的政府和上级部门为何多年无视仪征的环境污染问题，任由企业继续恶化环境既不治理，也不惩罚。行政组织为何没有意识到污染给人类生活质量带来的伤害？行政组织作为一个庞大的有机体，不仅在管理活动中输出价值观，而且在日常行为的本身已经构建成为一个培育价值观和道德准则的"场域"。"场域"里的行政组织与人类社会是会在特定的时期存在着不同的道德判断标准的，这种不相统一的价值观归根结底来源于组织内部利益的驱动。

### 1. 盲从带来的道德判断的失灵

道德"起源于社会的存在和发展的需要，是维持社会活动秩序从而保障其存在和发展的手段"①，社会的发展需要道德的维持，以维护和保证特定的社会秩序。现代行政中严格的层级制度让身在组织中的人感受到了组织的强大与个人的渺小。道德本是具有公共性的，是一种经过长期积淀而形成的社会普遍认可和共识，同时社会中的个体满足社会需求而呈现的一定程度上的价值认同。而身在组织中的人则在现代性的行政组织对工作理性的要求及效率的追求席卷下，对组织中的个体道德养成进行了重塑，甚至是压迫。

---

① 王海明：《新伦理学》，商务印书馆2001年版，第139页。

## 第三章 行政组织伦理的困境

作为一种对理性化的规范性统治的追求，行政组织与现代工业文明社会达成了多方面的一致性，马克斯·韦伯的伟大之处在于他看到的不仅仅是行政组织的必然性与合理性，还敏锐地洞察到它的负面反应给予了极为悲观的批评："科层组织（与死的机器相结合），致力于建立那种未来奴役的外壳；对于这种未来奴役，如果一种纯粹的、技术上好的，即理性的科层管理及其维持是用来决定人们的事务在其中得到引导的方式的最后和唯一的价值，那么人们也许有一天会由于软弱而被迫服从，就像古代国家的农民曾经服从过的一样。"① 顺从地完成组织意志，按照层级传递的规则逐步完成整体目标是行政组织伦理吞噬组织成员个人伦理的直接后果。在一个行政组织的整体中，对组织的目标完成一致占据了组织中个人的价值判断的首要地位，相应地，从公共伦理的根本要求出发考虑问题的意识被逐步地淡化。在一个行政组织中，组织中的人的伦理判断标准与通常会与组织保持一致，并没有考虑组织的某个制度、事物的处理态度的价值取向是善还是恶，个体的内部道德或良知往往不知不觉地屈从于组织的外部控制，这也就是韦伯所提到的"奴役"的意义。因此，行政组织对组织中的个体的道德有着显性和隐性的束缚和影响。这也就不难理解为什么侯宜中的所有同事、前任领导或者所有的知情在职工作人员在均非常了解环境污染严重危害的情况下，也都不假思索、心甘情愿地继续工作在自己的岗位上，熟视无睹环境的继续恶化，完全不思量自

---

① ［美］马尔库塞：《现代文明与人的困境》，李小兵等译，生活·读书·新知三联书店1987年版，第105页。

▶ 中国行政组织伦理的现代性反思与重建

身所处的环保部门对于治理并缓解这种损害公共利益行为是否应该有所作为。在环保局的工作人员的心里,这本身与自己这个个体无关,作为一名成员,将"认真工作履行既定岗位职责"当作最高的道德命令。所以侯宜中认为自己是环保局的"叛徒",他所说的背叛,不仅仅指背叛了环保局这个行政组织的既定行为,也包括那一个整个的集体——所有时刻与环保局的指挥和决策保持一致的人们。

在这里,想起了阿伦特关于大屠杀的思考,在纳粹德国,驱使所有的人在大屠杀的机器中都像"齿轮"那样行动的真正动机是什么?艾希曼的回答是:他只不过是一个军人的职责,他的动机就是服从命令和尽忠职守。艾希曼不问这些是否应该,是否具有合法性和正当性,而是不假思索、心甘情愿地执行。从根本上说,他所体现的"恶之平庸"指的是无思想。艾希曼的平庸与无思想紧密相连。思想总是试图探究根源,能达到某种深度,并因此而触动事物的根基,因为它的纵向性和垂直性,所以就有根基的存在;反对思考和判断能力是艾希曼平庸的一种存在现象,没有根基的表现是源于其远远达不到一种深刻,是表面的、肤浅的,是根源的缺乏、根本的缺乏。这种邪路不仅没有人性的根基,而且也没有邪恶动机的根基。在《精神生活》中,阿伦特就指出,邪恶动机的缺乏是这种邪恶的主要特征。她说:"我惊诧于作恶者所表现出的肤浅,这使得我们不可能对其行为邪恶的不争事实追溯到任何更深的根源和动机。[①]"这种无思想的盲

---

① [美]汉娜·阿伦特:《精神生活·思维》,姜志辉译,江苏教育出版社2006年版,第35页。

## 第三章　行政组织伦理的困境

从便是行政组织培养组织中个人道德，并对其产生了重要影响的结果。行政组织在层级任务的传递与理性的追逐中完成了对个体的道德限制。

在一个行政组织中，服从是实现行政目标的基本条件，忠诚已成为个体行为标准的最高价值判断。在行政组织理论中，一直主张个人有义务服从上级指令，这似乎已经成为一个定理，也是现代行政组织与权力设置的理论依据。对内部行为者来说，在集体中他们最重要的美德是对职责的遵从、对岗位的忠诚。组织要求他们承担的仅仅是技术责任，而不是经由其手所促成的行为后果的这种作为一个完整意义上的人去承担道德责任。这种行为后果已超出其中的任何一个行为成员能全然指导控制的范畴，他服从的只是命令和程序。美国学者米尔葛莱姆（Milgram）认为，全然屈服于上级或组织意志的公务人员之所以表现出失去对公众这种更重要的委托人的责任与义务的最主要原因根植于"本性"——官僚制度的"代理转化"：保持组织的整体协调是个人被聚在一起形成等级关系要求的一种行为表现。这时，"代理转化"的结果就是一个人不去想是否对权威规定的行为内容负责，而是感觉应对权威的指示负责。因为命令的执行者认为行为内容是否合理合法则是作为命令发出者的上级应该考虑的内容，服从上级命令对自己来说就符合组织伦理的道德行为。[①]

艾希曼之所以成为人们眼中的大恶人，是因为其在大屠杀事件中的冷血残酷。但是除开其罪行，其本人是一个普通人，也是希特勒眼中称职的不可替代的得力助手。从艾希曼

---

① 李沫：《论行政组织伦理困境的双重维度》，《华章》2010年第8期。

▶ 中国行政组织伦理的现代性反思与重建

的成长历程来看他既不是天生邪恶,也不是因为他有精神上的疾病,而是因为他在纳粹组织的履行职务职责的过程中,失去了辨别善恶、判断是非的思想能力。阿伦特指出"在罪恶的极权统治下,人的不思想所造成的灾难可以还胜于人作恶本能危害的总和。这就是我们应当从耶路撒冷得到的教训"。① 在一个行政组织里,个体已经失去了判断组织善恶的能力,个体的道德标尺在逐步地失灵。可见,组织在实际上承担了对组织内个体的道德判断再塑造的功能。一个成熟的行政组织,应是国家意志和民众利益的最强有力的代表者,也正因如此,加强对行政组织的组织伦理建设与研究才显得尤为重要。

### 2. 对个体道德伦理自主性的控制

那么,我们是不是可以说,行政组织里所有的人都没有了道德标准和思想的人?当然不能这样简单概括,一是并非所有的事物判断标准行政组织与社会都有严重的背离;二是并不是所有行政组织中的个体都是盲从的。在行政组织及其管理者有时候从为公众服务中偏离出来转而为自己服务的时候,行政人员个人就有必要界分自己对组织的责任范围以保证从终极性意义范畴内的对公共的责任。用个体的道德伦理标准去辨认自己对上级所承担的客观责任范围,并对不道德的组织保持个体的伦理自主性,本应是社会发展的实际需要,但是在现代行政组织中,由于官僚体制的层级制限制并

---

① 涂文娟:《政治及其公共性:阿伦特政治伦理研究》,中国社会科学出版社 2009 年版,第 160 页。

## 第三章 行政组织伦理的困境

制约了对组织中的个人能够保持独立的伦理精神的空间，对不道德的组织保持个体伦理自主性显得极其艰难。

侯宜中事件有几点特别值得我们去留意：一是侯宜中担任仪征市环保局党委书记期间，并没有利用自己的职责能力做到依法关停责任企业，而是选择了在他退休后开始执着地举报问题。退休后的环保官员举报问题的无奈反映出了行政组织对个人伦理自主性的限制。二是所有明确支持侯宜中观点的人都是已经退休了的人员，即已经脱离了行政组织之外的人员开始用不同的道德标准来衡量社会问题，而他的家人并没有支持他反而都在疏远他。库伯（Terry L. Cooper）曾经分析过如何面对不道德的组织和不道德的上级的问题，他认为，"典型的问题是：一方面是自己对上级的例行义务与组织权威之间的冲突，另一方面是自己对上级的例行义务与自己作为公民的受托人之间的冲突"。[①] 承担道德行为的义务有时是孤单的，甚至是无助的。在库伯所列举的几个案例中，一些杰出的行政人员，为了反抗不道德的组织或者不道德的上级，战胜了内心的胆怯，但也付出了惨重的个人代价。组织中的个人在与不道德的组织或者不道德的上级反抗的过程中，一般是以失去工作或者艰难的对抗来换取的个人保持伦理自主性的胜利。而这种个人伦理自主性的胜利来之不易，需要的是个人对真理的坚守的毅力、强大的心理承受能力和对可能产生的任何不利后果的承担能力。因此，个人对不道德组织和不道德上级的对抗通常会显得势单力薄，大

---

① ［美］特里·L. 库珀：《行政伦理学：实现行政责任的途径》，张秀琴译，中国人民大学出版社2001年版，第183页。

▶ 中国行政组织伦理的现代性反思与重建

多数人也会在权衡利弊之后知难而退、偃旗息鼓。侯宜中案例中,他在退出行政组织后的举报也充分印证了身在行政组织中的人坚持伦理自主性的严重后果是个人难以承担的,行政组织并没有为组织中的个体坚持伦理自主性提供足够的空间和宽松的环境,更没有完善的制度去保证组织中的个人对组织的质疑和反对。那么,一个明显的伦理问题产生了,行政组织本应作为公共利益的代理者,却并不能对自身的非道德行为不能及时调整和改正错误,恰恰相反,在这种情况下,很有可能行政组织还会对组织中的个体的伦理自主性进行控制。

现代行政组织奉行着服从组织的准则,行政组织也因为森严的层级制度使得行政行为更加的高效率。在这个权力链条上,服从更高一级的领导的指示和命令是行政人员的内在工作准则,甚至成为排位第一的价值判断。对合法的制度性权威的服从,开始是作为一种正确的公共服务道德而存在的,但是在这样一种状态下,却被行政组织人员本身扭曲了。这也充分表明了"仅仅通过培养正确的个人道德品质或仅仅通过组织文化的干预或仅仅通过颁布道德立法,就想保持负责任的行为是何等困难"。① 公众利益通常通过价值观、道德准则和法律得到表达和实施,但是在面对强大的组织的时候,却显得渺小而无力。在一个组织化的社会里,组织的伦理标准与价值取向湮没了个人的伦理自主性,组织的伦理准则成为行为的最高的准则。侯宜中的子女们的不支持父亲

---

① [美] 特里·L. 库珀:《行政伦理学:实现行政责任的途径》,张秀琴译,中国人民大学出版社2001年版,第193页。

的行动的原因在此。其实他们未必会否认父亲的对于环境污染这个事情的价值判断，但是他们更加担心的是作为组织中的个体与组织的对抗所必须付出的代价是大多数人所不能承受得起的。相比较承受不能承受的代价，更多的组织内的个人选择了沉默和屈从，个人与组织的对抗总是显得过于渺小和微不足道。若组织为组织内、外的个人对行政组织的运行给予足够的权力去监督，可以让个人的伦理自主性有更大程度的发挥，那么将会得到公众更多的监督，以此弥补外界对行政组织监督的空缺与失守。

**3. 个体自我的沦陷**

进入行政组织的个体与社会自然状态中的个体是有区别的。在一般意义上，角色定位都属于主观自觉的范畴。社会上的每个人通过主观选择与意愿，在外部环境的引导与影响下，经过自身转化，逐步形成稳定的个人行为道德标准，并以此道德标准约束自我行为及评判社会现象。一定意义上说，去除一些客观原因的强制限制之外，个体对自己的行为有主观选择的权利。个人道德直接影响个人的社会化行为。只有当一个人具有较为崇高的道德理想信念、合理的道德观念及较强的道德判断和选择能力和道德自律能力，个体才能较为完满地履行应尽的道德义务。在这一点上，我们可以通过社会中的一些焦点、热点事件中一窥个人遵从自身的道德标准而做的主观选择。最美司机吴斌，在高速路上被一个来历不明的金属片砸碎前窗玻璃后刺入腹部至肝脏破裂，面对肝脏破裂及肋骨多处骨折，肺、肠挫伤，危急关头，吴斌强忍剧痛，换挡刹车将车缓缓停好，拉上手刹、开启双跳灯，以一名职业驾驶员的高度敬业精神，完成一系列完整的安全停车措施，确保了车上的24名旅客安然无恙，并提醒车内乘客安全疏散和报警。而他本人则因伤势过重抢救无效去世，年仅48岁。社会赋予吴斌"最美司机"的荣誉，是对其个人道德的肯定与赞扬。在现实道德生活中，人们的行为是趋善还是趋恶，是直接接受他们的个人道德标准支配的。一个人道德品质高尚，富有同情心、正义感和义务感，他就会见义勇为、舍己为人。反之，如果道德品质败坏，就会见利忘义、损人利己。最美司机吴斌遇难前的行为举动是一种个人主观选择，体现了他优秀的道德品质，实现了他自我选择的社会价值。吴斌在处理危难时刻的这种主观选择体现了社会个体对自身价值判断的自主性和独立性。人在社会中有按照自身的道德判断和价值取向处理身边事务的权利，这是对社会自然状态中的个体而言。

而行政组织中的个体对于事物的道德判断却更加复杂，作为社会自然人的道德判断的独立性受到自我的支配，而组织内个人的道德判断标准则不仅如此。我们通常认为，社会是由一个个的个人组成的，个人的道德修养奠定了社会道德的基石。而不能忽视的问题是，社会不仅仅是由众多个体简单汇集而成，也是由人的大小群体组成的。这些大大小小的群体就是形式不同的组织。组织中的人在拥有社会中独立个人的身份的同时，也同时拥有着组织赋予的组织角色。因此，组织中的人道德养成既受社会主流思潮的引导和影响，也密切受到组织的角色定位以及组织伦理的影响。如果说社会是一个大的培育人的"场域"，那么组织便是一个更小的"场域"，组织的"场域"与个体接触更为密集，对人的影响更为强烈和深远。组织就是一个"整个的个体"，在组织

第三章 行政组织伦理的困境

内部形成了一个个不同的"场域",组织形成的"场域"与个体更加直接相关,因而相比社会更加强烈地影响着组织中人的道德和价值观的养成。也就是说,作为伦理实体的组织,更加强烈地干预了组织中的个体的道德判断。而身处组织中的人则会出现个人道德标准判断的漂移,个体在社会的"场域"中形成的道德评判标准和价值观在与组织的强有力的"场域"的影响和干预下会出现"失灵"。尤其是在一个层级意识森严、纪律严明的行政组织里,个人的道德判断在整个组织的行为运作中"出场"了,取而代之的不再是个体在社会中获得的道德判断,而是组织对个体的角色定位,而这种定位更多的是一种刚性的客观指派。组织中的个体的位置并不是每个个体可以自由主观选择的,组织中的个体失去了自主选择的独立性和自由。在行政组织的层级结构的掩饰下,这种不由自主的客观指派具有其正当性的合理前提。按照行政组织的安排和指派,组织中的个体被要求自觉的定位在一个行政的角色和岗位上,并按照岗位要求履行职责。组织中的个体树立的岗位自觉、角色自觉其实在工作中会内化为伦理的自觉,这种伦理的自觉来源于岗位要求,而无论岗位的个体是谁,岗位要求是一致的,即伦理定位是以岗位为判定的依据的,而伦理定位本身却是标准化、同一化的。

就如马克思曾经提到"是他们的'官场知识'和实际工作中的'机械性'成分抵消了他的思想教育和道德教育,是他的'实际精神'和'实际工作'作为实体压到了他其余才能的偶性"①。在这里,马克思对行政组织内部的个体的伦

---

① 《马克思恩格斯全集》(第三卷),人民出版社2002年版,第68页。

▶ 中国行政组织伦理的现代性反思与重建

理判断的沦陷提到了两点原因：一是个体在组织中所获得的"官场知识"，二是实际工作中"机械性"成分。"官场知识"是行政组织内部形成的行事规范和人际关系处理规则，其在一定程度上有别于社会中的人际交往规则，有其官僚组织的特殊性，因此被马克思称为"官场知识"。"官场知识"是行政组织内部所特有的知识和文化以及伦理规范，对组织内部人员有强烈制约和文化辐射作用，这种官场知识干涉了个体的伦理判断自主性，抵消了其在社会中本已形成的思想教育和道德教育。当组织中的个体失去了价值判断的权利，个体行为的伦理原则完全依靠组织的行事准则以完成组织任务为目标，那么个体的政治态度、价值取向、伦理判断等在行政行为中已经不再具有什么实际性的意义。而实际工作中的"机械性"成分则是对现代行政组织规则理性的批判，规则理性的代价就是个人的自主性的淡化乃至消逝。在一切以标准化和法律化为执行原则的现代行政组织中，对个体的角色定位要求也是标准化和同一化的。这种标准化的产生便折射出了行政组织的管理系统的出发点是提高工作效率和方便统一的管理。因此要最大限度地限制组织管理中人为的因素，减少因个人的差异带来的管理效果的不同。从便于管理或降低成本的角度来看本是无可厚非的，因此这种形式也一直有着强大的生命力，但是标准化的伦理定位阻碍了组织内个人自身的发展进而抹杀了组织成员的主动性。在现行的行政组织中，分工细化的程度越来越高，组织在将工作内容进行科学化的划分后，按照工作的性质进行人员的匹配。合理性与科学性成了职务分类的最高评判准则，最终达到高效率的后果。按照岗位的要求，行政组织认为组织中的个体匹配在相应的岗位上就可以保证行政效能的高水平发挥和工作的有效进行。这种貌似科学的观点以工作遮盖了人的主动性的意义，行政体系成为一个忽视主体存在的庞大系统。公务关系淡薄、主动进取精神不强，例行公事、恪守边界成为一种经常的现象，其实，主要原因恰恰根源于现代社会的对客观分析的注重，忽视了组织中的个体作为人也拥有自身的价值判断、伦理原则和各自不同的主观世界，以法律和制度这种刚性外在规范体系代替了人对自身的角色定位和伦理定位，行政个体在这种统一化和高度科学化的分工格局中沦丧了自我。

侯宜中的案例中，行政组织对组织中的个体的伦理自主的控制，可以从他本人退休前后退休后的变化中得知，也可以从退休人员与在职人员的不同态度中得出分析的结论。身在行政组织中的个体的道德，受到行政组织的限制，虽然这种限制的程度不一的，但是，组织对于个人的道德形成与塑造的影响却是一直存在。行政组织中的个体道德判断沦陷在组织的总体目标设定与组织角色的定位中，行政组织作为伦理实体既是由个体组成的，同时制约着实体内的个体。当伦理实体的价值取向与社会价值取向不一致的时候，个体便沦陷在组织的价值取向中，组织对个体道德的制约便成了一道深不可逾越的藩篱。

## 第三节　行政组织的价值悖论

社会、组织、个体构成了组织化社会中价值实现的链条，社会的价值取向是依靠组织及个人在不同的范围内完成并体现的。社会的价值与组织的价值取向相同是组织完成使命的应然性。行政组织更是如此。本章的第一节与第二节我们所讨论与分析的其实存在这样的一个前提，便是组织与社会的价值取向与伦理原则之间并不完全一致，在两者之间发生了价值冲突的时候，组织以及组织中的个人由于服从于组织本身的伦理判断与价值标准，因而出现了难以分清的责任主体与个体道德的制约等组织的伦理困境。这为我们形成对行政组织的进一步论述带来了困惑，行政组织是具有社会行政事物的资源配置、管理权力的部门，作为行政组织延续生命和完成使命的一项条件，行政组织必须为外部公众提供正当的符合社会价值取向与伦理规范的服务。为何实然的层面上，却并非如此。让我们看一个现实中的案例。

**案例三：** 新华网南宁7月7日电（记者陆波岸）广西龙江镉污染阵痛还没有完全消失，贺江水体污染事件又突如其来。频繁发生的水体污染事件，深深触痛公众神经。在保护生态环境、建设生态文明已成广泛共识与发展目标的今天，"污染经济"到底还有多大规模、多大能量？我们还要为"污染经济"付出多少代价？在7月7日上午的新闻发布会上，贺州市相关负责人称，已基本找到污染源。位于贺州市贺江马尾河江段沿岸的部分企业虽然已经"人走厂停"，但流出来的污水中重金属仍然超标。当地政府正在逐家排查这些企业，以锁定"元凶"。

近年来发生的一次又一次水体污染事件贻害深重。2001年6月，河池大环江河上游遭遇暴雨，30多家选矿企业的尾矿库被冲垮，历年沉积的废矿渣随洪水淹没两岸，万亩良田

第三章 行政组织伦理的困境

尽毁,至今还是当地无法治愈的伤痛。2012年1月,龙江镉污染事件中,镉浓度超标5倍以上的水体长达约100公里,给龙江两岸及下游柳江造成巨大经济损失和环境损害。这次水体污染事件已造成广西贺州市贺江马尾河段河口到广东封开县110公里河段水体受到镉、铊污染。截至6日晚的监测数据显示,有的江段镉浓度超标5.6倍,严重威胁沿江群众饮用水安全。

高耗能、高排放、高污染企业的存在,有一定的历史原因。他们无疑曾在支撑地方经济发展方面发挥过重要作用。但随之而来的一起又一起水体、空气、土壤污染事件,使这种"顾头不顾尾"的落后发展方式的弊端暴露无遗。彻底转变经济发展观念和方式,坚决向"污染经济"说"不",如今已刻不容缓。

"再也不能简单以国内生产总值增长率来论英雄了",习近平总书记的告诫振聋发聩。在处理好经济发展和生态环境保护关系方面,我们需要最严格的制度、最严密的法治,更需要最严格的执法,坚决做到不换发展思路就换人,毁了生态环境追究人。用制度管人,按法治办事,才能规范大家的行为,促使全社会拒绝污染,共同呵护美丽中国,共同追逐中国梦。①

这个案例造成的触目惊心的污染事实也是侯宜中案例中相同的地方,也是我们在上面一段文字中要回答的第三个追

---

① 陆波岸:《拒绝"污染经济"刻不容缓》,《福建日报》2013年7月8日第3版。

▶ 中国行政组织伦理的现代性反思与重建

问：造成污染的主要原因是高耗能、高排放、高污染企业的存在，那行政组织对这一类问题的解决之道是什么？不仅是在中国，从世界的范围来看，现实生活中让人们触目惊心的又何止是环境污染之类的企业大量存在，官民纠纷、贪污腐败、食品安全等一系列社会不和谐音符也是在社会中不时上演。最为匪夷所思的是一些明令禁止、有法可依的错误行径仍然屡禁不止，成为全世界的通病。因此，人们呼唤制度正义，企望用一整套科学合理健全的制度体系规范行政组织行为和保障人们合法权益。这样讲来，行政组织与社会的普通民众为何站到了不同的利益立场呢？

### 1. 行政组织与社会发展规律的游离

现代社会中高扬的理性是毋庸置疑的，这种理性已经被大力推崇并被视为另一种社会建构，它赋予了我们对这个世界的观念认识。但是这种理性大多是从"纯粹理性"角度使用的，也就是说只是一种行事的方式与价值无关的中性概念，是与感性生命相分离的抽象理性。利用这种纯粹理性，现代社会认为其具有无所不能的力量，在科技不断发展的催化下，理性甚至开始遮蔽了社会的其他原则和观念。用这种理性原则作为唯一的基础来设计和管理行政组织是值得怀疑的。因为它并不比其他诸如此类的观念更具有权威性。

在理性化指导下的行政组织已经更加地突出了它的工具化倾向。"目标—手段"在现代组织发生置换的行动过程中，原有的价值取向在目标中被遮蔽、抛弃，便使得价值的缰绳在整个组织的行动链中被丢失，道德意识与道德意志在行为者自身看来也悄然丢失与隐退。组织管理中的行动方式更多

第三章 行政组织伦理的困境

倾向于其手段和程序尽可能地科学化，对行动本身以及行动结果进行定量分析，并完全依赖于手段、程序的合理性实现既定目标，以及一切价值判断都让位于效率。凸显功能效率精神是现代社会的合理之处，形式上的合理性与实质上的非理性是现代社会的本质特征。换言之，不合理之处是在于把功能效率这一本来属于手段的东西当作目的来追求。这种丧失了价值理性的工具理性已走向理性的反面，成为一种非理性的东西。韦伯认识到理性化的非理性存在的危害，指出理性化的非理性存在是文明社会的症结所在。[1]

案例二与案例三中所提到的环境污染问题给我们敲响了警钟。造成这些后果的起因就是在社会建设与发展的过程中没有从可持续发展的角度出发解决问题，而是一度片面追求经济发展带来的。环境污染带来的后果迫切要求行政组织对事实与价值、行政与伦理的相互关系进行重新的思考与审视。行政组织要尊重社会发展规律，一切从社会发展、公众需要的角度出发去调整行政组织的价值取向。在这里必须说明的是，我们并不能否定在前几十年的改革中追求经济发展的成绩，相反，这些企业无疑曾在支撑地方经济发展方面发挥过重要作用，为我国的社会主义建设事业奠定了坚实的基础。应该说，我国在以前的几十年改革开放中大力发展生产力，以 GDP 为杠杆推动经济建设是社会主义初级阶段建设事业的发展需要，是与社会发展的价值规律及公众的整体利益相一致的。但是时至今日，在中国的改革开放到了深水

---

[1] 王珏：《组织伦理：现代性文明的道德哲学悖论及其转向》，中国社会科学出版社2008年版，第196页。

区，公众的生活水平达到整体小康的前提下，如果仍然过于追求 GDP 的单方面增长，忽略了公众更高质量的生活水平的提高，无视在改革建设中带来并引发的一系列环境污染、贪污腐败等引起较多严重后果的问题，那么这就已经与社会发展规律与公众的内在需求相背离了，也与我们所提出的科学发展观不一致了。从利益一致到偏离再过渡到一致的过程，是需要不断探寻生产实践和改革时间的临界点，也是需要付出因调整而带来的代价。时至今日，随着改革的不断深入，我们在解决了很多重大问题的同时也带来了一些发展中的重大问题。严酷的社会现实告诉我们，人类社会的发展应是营造良好的自然生态环境的过程，是一个不断找寻社会发展规律并契合社会发展规律的过程。若社会发展的方向游离在社会发展规律之外，人类社会必然会付出相应的代价。人与自然、人与人、人与社会应和谐共生、良性循环、全面发展、持续繁荣，人类与自然都是生态系统中不可或缺的重要组成部分。习近平总书记指出："我们既要绿水青山，也要金山银山。宁要绿水青山，不要金山银山，而且绿水青山就是金山银山。"[1] 要按照绿色发展理念，树立大局观、长远观、整体观，坚持保护优先，坚持节约资源和保护环境的基本国策，把生态文明建设融入经济建设、政治建设、文化建设、社会建设各方面和全过程，建设美丽中国，努力开创社会主义生态文明新时代。

综上，行政组织与社会发展规律的游离就表现在一定的

---

[1] 习近平：《习近平系列重要讲话读本：绿水青山就是金山银山》，《人民日报》2014 年 7 月 11 日第 12 版。

时期内找准了公众利益与社会发展的正确方向,并为此创造了有利的条件,政策制度与把握规律能够有机契合,从而有力促进社会的健康发展,持续表现出了蓬勃的发展势头与和谐的社会状态。而一定会有一段时期,因不能准确及时地把握社会发展出现的新问题而调整相应的行政管理的活动与实践,或者是在社会发展过程中,由于理论先行与实践落实之间的时间先后差距,导致出现了行政组织的价值取向没能完全与社会发展规律及公众根本利益相一致,带来与社会发展规律的游离。由于社会发展的新问题的多变性、多元化,以及我国的区域发展不均衡的现状,部分行政组织的在一段时间与社会发展规律的价值游离状态是不可避免的,也是很难避免的。这就需要行政组织时刻把握好新的历史方位和发展需求,找准社会发展规律的脉搏,少走弯路,引领社会的健康有序发展。

### 2. 行政组织利益与公众利益的相悖

我们曾经论证过,行政组织是有公共性的,同时也是有目标性的。这种目标就是服务于公共利益,服务于公众,从公众利益的角度出发去衡量行政组织的价值取向与行为方式是行政组织存在的根基与评价的根本考量。如果行政组织在组织行政行为中丧失了与公众利益的一致性,即丧失了行政组织的根本伦理宗旨与实质,那么行政组织就一定失去了正确的价值指向。

我们说,随着组织被灌输了一种价值观念,那么组织就不再是一种中性的工具,而是通过价值观的体现,获得了一种与人的"人格"相似的结构或者说是一种整体身份。行政

▶ 中国行政组织伦理的现代性反思与重建

组织要做的事情就不仅仅是一个运转的机器那么简单，不是与价值判断无关的事情，而是为了保持自身的价值观念而不断改善和努力的整体。这个价值观念就是组织要实现的目标，行政组织建立的初衷是公众的普遍认可与权利让渡，其成立的目标旨在公众利益的维护与实现，也是行政组织能够获得公众认可、保持合法性的重要基础。也就是说，作为创生性伦理实体的行政组织是只有公众利益而没有自身的组织利益的。但是现实中的案例和事实却让公众感觉并非如此。米歇尔认为，德国社会民主党抛弃了其成员的价值观和利益，为了资本主义的价值观和个体利益，而背叛了社会主义的价值观和工人阶级的集体利益。虽然政党的目标的确会随着时间而改变，但这一过程受到政党成员的抵制或与成员利益相抵触的迹象并不明显。因此，科塞（Coser）论断说，领导人的官僚保守主义可能并不是促使权力向政党纲领转移的主要原因，"导致这一结果的起因是在工人阶级的社会地位和经济地位获得高速增进的阶段内，这时，不仅政党管理者，就连政党各成员都变得更加保守了"[①]。这种对自身目标的曲解来源于组织"自利性"，"自利性"是行政组织滑向整体不道德背离自身价值与目标的潜在动力。对于行政组织的自利性，卢梭曾指出："在行政官个人身上，我们可以区分三种本质上不同的意志：首先是个人固有的意志，它仅只倾向于个人的特殊利益；其次是全体行政官的意志，这一团体的意志就其对政府的关系而言则是公共的，就其对国家——

---

① ［美］斯格特：《组织理论：理性、自然和开发系统》，高洋等译，华夏出版社2002年版，第322页。

政府构成国家的一部分的关系而言则是个别的;最后是人民的意志或主权者的意志,这一意志无论对被看作全体的国家而言,还对被看作全体的一部分政府而言,都是公意。"① 因此,"三个方面的因素构成了政府组织的自利性:其一,政府官员追求个人利益;其二,就是像政府某一机关或部门这种组织团体的意志利益;其三,源于某一阶级的意志与利益。按照自然的排序,不同的意志因集中的程度而变得活跃与强烈。因此,公意总是最弱的"②。

对照环境污染的案例,过度追求经济增长且无视环境污染为公众带来的损失与隐患是行政组织"自利性"的具体表现。在一些地方行政组织的工作理念里,如果不解决经济发展问题就不能解决财政、税收、就业和其他社会问题,而要追求经济发展速度就不得不竭尽全力去招商引资,片面追求经济利益带来的短期显性政绩。尤其是有限任期内官员的升迁快慢都是与其经济成就的政绩数字联系,无形中官员把经济发展和财政收入置于首位,为了自身的政绩评价,地方政府将环境和环保置于从属的地位。社会整体利益的外在需求与行政组织利益的内在需求有可能在某些方面是吻合的,但不可能是完全一致的,二者并不具有必然的完全的一致性。这种不一致性,正是一切行政组织道德问题的根源。因此,习近平总书记的"再也不能简单以国内生产总值增长率来论英雄了"的决策不仅是对于环境污染的应对政策,更重要

---

① [法]卢梭:《社会契约论》,何兆武译,商务印书馆1980年版,第83页。
② 刘祖云:《政府与官员的关系:道德冲突与伦理救治》,《学海》2008年第1期。

▶ 中国行政组织伦理的现代性反思与重建

是凸显了将行政组织的价值缰绳再一次扭转到与社会发展规律及公众利益相一致的方向，是对公众的尊重，也是对行政组织自身存在合理性的尊重。在行政组织的利益与公众利益相悖的时候，在现代社会，公众开始用一种有力的武器来表示反对。尤其是从 2013 年 1 月 1 日起施行的新民事诉讼法做出"对污染环境、侵害众多消费者合法权益等损害社会公共利益的行为，有关机关、社会团体可以向人民法院提起诉讼"的规定以来，公益组织起诉行政组织已不是什么新鲜事，这已经不是简单地跨过"民告官"的关卡，而是实现了公众能够监督行政组织的执政行为的跨越。这说明，在行政组织触犯公共利益时，人们已不再选择沉默，而是选择用法律的武器来说话。不过，我们也要看到，迄今为止，全国公益诉讼成功立案的仅有几十起，这无疑是一个令人尴尬的数字。俗话说，万事开头难。我们相信，在全面推进依法治国的进程中，此类公益诉讼或将成为常态，政府的"有形之手"将进一步受到法治的约束。2016 年，"河南省郑州市中级人民法院官方网站发出公告，已受理中国生物多样性保护与绿色发展基金会的公益诉讼，原告要求被告就拆毁文物事件，向全国人民道歉，对未拆文物原地保护，对已拆文物采取遗址性保护、建博物馆复建被拆文物。这是 2013 年新民事诉讼法规定公益诉讼制度以来，河南省法院受理的首起由公益组织提起的公益诉讼案"[1]。

一提到"行政组织"二字，不少人便立刻联想到了与之

---

[1] 桑胜高：《公益组织起诉政府是法治进步》，《法制日报》2016 年 2 月 17 日第 7 版。

相匹配的公共权力。在某些人心中，组织其实就是权力的代名词。此种情形之下，谁敢与行政组织去较真，简直就是冒天下之大不韪，更别说一纸诉状将政府告到法院。显然，郑州中院受理的这起公益组织起诉政府的案件具有特别意义。一方面，这起案件告诫各级政府，行政行为必须充分考量公共利益，用权不可任性；另一方面，这为"民告官"增加了典型案例，为相关领域的司法实践提供了样本。当行政组织的利益与公众利益背道而驰的时候，公众仍然可以举起法律的武器去保护公众的利益。

随着社会发展和人民生活水平不断提高，人民群众对生活的品质要求、发展的空间要求越来越高，越来越关注公众利益在社会中得到的维护和保证。公众利益不仅仅是当代人的整体利益，也包括了后代人的整体利益。不能为了当代人的发展而牺牲了后代人的利益。因此从公众根本利益的角度上去审视行政组织的执政方向和执政水平，应以长远的、可持续的视角，而不是短视的物质利益的考量。

### 3. 行政组织价值与最高价值诉求的差距

终极价值或最高价值是指人们价值追求中的总体目的、根本目标和最高理想。归根结底，行政组织是社会发展中的阶段性产物，其产生与存在的意义是为了社会全体服务，为社会发展服务。行政组织的价值不仅是为了组织自身价值的实现，更应该与人类的最高价值诉求保持一致。在社会发展还没能达到这一阶段的时候，行政组织至少要为之努力创造条件去实现最高价值。社会主义的终极价值和根本指向是实现共产主义，在共产主义社会里实现物质的极大丰富和实现人的彻底解放和自由全面发展。人的自由全面发展最能体现马克思、恩格斯关于未来社会的基本思想。他们多次用"自由人的联合体"来界定和表征未来社会，指出："代替那存在着阶级和阶级对立的资产阶级旧社会的，将是这样一个联合体，在那里，每个人的自由发展是一切人的自由发展的条件。"① 人的自由全面发展也是作为公众服务机构的行政组织的伦理使命。以上剖析的伦理困境是一些具有共性的特点，我们要为破解这些伦理困境提供伦理回应和理论依据做出努力。党的十八大写入党章的科学发展观，是马克思主义中国化一脉相承的又一个重要的理论成果，也对这一问题做出了回应和解答，是对于实现人的自由全面发展的理论的继承与发展。科学发展观是在总结了发展中出现的问题，更加强调人的全面发展和以人为本的核心理念，并在这一理念的指导下提出了全面发展和协调发展的基本思想，这是马克思关于人的自由全面发展思想的贯彻和体现，是历史唯物主义关于发展思想在当代的继承和发展，是对人类发展道路的新探索。

在案例三中，我们发现有些行政组织的价值追求已经与人类的最高价值诉求产生了较大的差距，环境污染给人类的正常健康生活带来极大的隐患和困扰，这种差距显然与人类的最高价值诉求相去甚远。尤其是近几年笼罩中国大部分地区的雾霾，让人们再一次审视现代发展的衡量目标和杠杆。PM2.5进入人类生活的视野让大家开始反思，"绿水青山"与"金山银山"孰重孰轻。盲目追求经济增长是单方面追逐

---

① 《马克思恩格斯选集》（第四卷），人民出版社1995年版，第649页。

效率的体现，应该说，效率至上依然是某些行政组织的核心价值取向。正如威尔逊曾经所论断的政府怎样才能以尽可能高的效率及在费用或能源力面，用尽可能少的成本完成这些适当的工作已经成为公共行政理论研究和实践运作的出发点和第一原则。这种"效率主义"取向也泯灭了人的主体性，使人作为手段而存在，而不是作为目的而存在，使人成为追求效率的工具，而缺乏对自身和组织所应承担的责任进行伦理反思。服务的对象包括组织内部的人与组织外部的公众。有人认为现代行政组织另外一个最大的不道德就是限制了个人的自由全面发展，让个体被迫进入一个越来越狭窄的发展领域和活动空间，让人们的工作变得机械化与非人性化。组织以高度的专业化分工与技术主义取向而越来越倾向于各类专才，一些职业化的专家应运而生，在越来越细化的发展中，绝对技术化已经成为一种不断加强的趋势和目标。技术化的加强确实提高了组织的专业化水平以及管理方法的科学化，但是却带来了集体关注技术的发展，关注效率的提高，分解并转移了集体中的个人对事物的价值判断，形成了集体无意识的状态，习惯于一切事情都定量分析，将科学化与技术化奉为最高准则。看似完美的制度安排与分工安排，其实个体已经完全失去了选择的能力，甚至选择的欲望也在这种定性定向的安排中逐步丧失了。

组织管理中的行动方式更加致力于对工作手段和程序的无止境的追求上，并完全依赖于手段、程序的合理性实现既定目标，以及一切价值判断都让位于效率至上。行政组织中过分强调形式的合理性，摒弃了个体的需求，忽略了个体的差异，人只是根据整体的安排"合理"地占据在应有的位置上发挥功用。这种合理性的理论前提是对整体目标的追逐，和对有着自主性的人的不顾及。这种过程中忽视与不能企及的恰恰是行政组织中的人不能根据兴趣与爱好自由发展。这样非人格化的组织管理带来了组织中的个体的价值与信仰、理想的异化等问题的出现。从公共行政人员角色的角度出发，最基本的出发点是思考如何以最好的方法去努力完成由上级预先设定的目标任务。而规则化与标准化的要求与安排把组织中的个体的行为引向了一种有价值的规范秩序的诸多力量，这些力量的压力与要求是如此强大，以至于让个体们对规则的遵守大到了死板僵化、形式主义的程度。

人类一直致力于破解行政组织的困境而寻求更符合时代精神与伦理特点的行政组织，但是，在现代社会中，行政组织又深陷价值理性的悖论之中，这种悖论有其普遍性，全世界的行政组织都有不同程度的表现。这种探索为中国行政组织的突破伦理困境提供了精神的动力和理论的源泉。

# 第四章 行政组织伦理困境的根源

行政组织伦理困境带来的困扰和问题日益显露，解除伦理困境必然需要伦理的回应，我们要从分析行政组织伦理困境的根源开始。从第三章的对于现代行政组织的伦理困境的分析来看，相比传统时期，现代行政组织凸显了其现代性和组织性两个鲜明的特点，这两个鲜明特点也成为我们入手剖析现代行政组织伦理困境的两把钥匙。抛开现代性社会的特点，无视现代性社会中行政组织的高度组织化的特点，都不能从根源上对现代行政组织的伦理困境进行准确的把握和认识。

## 第一节 现代性的背景

现代行政组织的新的伦理困境无疑与组织身处现代性的社会背景中是有着极为密切的关系。现代性"并非某种我们已经选择了的东西。因此我们就不能通过一个决定将其动摇甩掉"[1]。现代性其实是随着现代化进程而在各个领域里面出

---

[1] 包亚明：《现代性的地平线——哈贝马斯访谈录》，上海人民出版社1997年版，第123页。

▶ 中国行政组织伦理的现代性反思与重建

现的一种新型的、非传统的人类活动现象。既然现代化的过程无法逆转,在这样一种无法选择的情状下,深入洞悉现代性社会的特点也许是最为明智的。因此,通过现代社会对行政组织的影响来了解现代性,亦可以说是通过现代性来了解现代行政组织,进而了解行政组织伦理困境的背景与原因,为破解中国的行政组织在现代性社会中发展的伦理困境找到依据和根源。

### 1. 我们身处的现代社会存在着现代性问题

现代行政组织的诸多问题当然不能脱离时代背景和社会背景单独的割裂来看,中国行政组织也不能脱离中国的传统文化和现实的国情来看。我们所讨论的行政组织是在现代社会的背景中发展的,伦理困境的问题根源必然有着社会背景的原因。我们身处的现代社会存在着现代性的问题,现代性正在改变着我们日常生活中最熟悉的一切,包括组织和个人。从现代性的后果来看,现代性的特征已在很大程度上影响甚至左右着现实中的各种行为,并对组织与人的思维和价值观念进行了现代社会特有的无孔不入的渗透。但是任谁都无法抵挡现代性的"入侵",它是正在降临的命运,犹如空气一般,将现代社会的人类主体浸润在现代性社会的包裹之下。

每个时代都有它的重大课题,解决了这个问题社会就进步了一大步。在人类还没有进入共产主义社会之前,人类社会发展进步的任何时段都着其特有的问题需要解决,每一个阶段的问题也一定有着它的特殊性与必然性。现代性问题是自20世纪以来西方思想界和社会理论界最重要的问题之一。现代社会从传统社会中脱离出来,让人类摆脱宗教的枷锁,

第四章 行政组织伦理困境的根源

把"人"推向了历史舞台的中央。"个人权利理念的形成是现代性道德真正脱出传统美德伦理范畴的基本标志。"① 被唤起了主体意识的人们有序地组织起来,让这个世界焕发了与传统社会截然不同的风采。现代性不仅促发了科学技术的突飞猛进,带来了大量的社会物质财富,同时也推动了人类文明的新进步。现代性是人类社会并没有完全掌控的内容,与传统社会不同,现代性涌入人类社会的视野短短几百年的时间。在这几百年的时间里,人类社会应接不暇地改变着世界,创造着奇迹,也不断发现和解决现代社会的各个领域的新问题。现代社会导致了社会的分化,政治、经济与文化领域开始分离,遵循着各自的轨迹运行,"经济领域倡导'效益原则',政治领域倡导'平等原则',文化领域倡导'自我原则',它们之间出现了相互排斥、相互抵触的情形"②。现代化作为一种社会历史运动与进程,开始在展开过程中暴露出了诸多的问题,正在受到以后现代性为主题的思想界的越来越多的反思与质疑。韦伯把现代性下的社会看成一个自相矛盾的悲观世界的原因,他曾经悲观地说道,在现代社会中人们要在其中取得任何的进步,都必须以摧残个体创造性和自主性的官僚制为代价。迪尔凯姆(émile Durkheim)则认为现代性下的社会是一个"病态"的社会,其原因就在于"组成社会的各部分在相互联系和相互影响过程中失去均衡"③。哲学家们的悲观虽然在一定程度上代表了对现代性的反思,

---

① 万俊人:《现代性的伦理话语》,《社会科学战线》2002 年第 1 期。
② 文长春:《伦理的现代性救赎》,《学术交流》2013 年第 6 期。
③ [英]尼格尔·多德:《社会理论与现代性》,陶传进译,社会科学文献出版社 2002 年版,第 23 页。

▶ 中国行政组织伦理的现代性反思与重建

但是现代性是我们无法抗拒的选择。彻底反现代性的企图在目前看来至少是不切实际的。即便现代性的问题让人类觉得陌生甚至有时候会束手无策，然而在这样一种无法选择的情状下，深入洞悉现代性社会的特点也许是最为明智的。

我们所处的现代社会存在着现代性的问题。现代性社会存在的道德困境的根源是多元而复杂的，现代社会的价值迷失和现代性伦理危机是现代性的必然后果，也是现代性危机在道德、伦理和价值等方面所表现出来的突出特征。"今天，全世界有良知的哲学家仍然在进行着艰苦卓绝的现代性批判，这种批判同时也是哲学的自我辩护和自我生存保卫战。如果哲学的危机与现代性有关，那么，哲学也只能在现代性批判中重生。而要超越或扬弃现代性，找到自己存在下去的理由，哲学只有重新承认常道，以新的方式为常道辩护和论证。这不仅是哲学的任务，也是人类的任务"。[1] 现代性的问题带来的现代性的危机是人类社会发展不可逾越的沟壑，哲学的任务是将传统与现代结合起来，将现实与未来结合起来，为人类在跨越这个沟壑的过程中提供理论支持和思维范式的导引。这不仅是对哲学的考验，也是对人类在新的发展时期对自我的超越和挑战。人类社会从传统过渡到现代，对现代问题的认识和审视有关人类社会的发展与走向。正视并承认现代性的问题，是人类解决现代性问题的第一步。

## 2. 马克思对现代性的肯定与批判

现代性的问题被诸多的哲学家所预见、肯定、批判。马

---

[1] 张汝伦：《现代性与哲学的任务》，《学术月刊》2016 年第 7 期。

## 第四章 行政组织伦理困境的根源

克思尽管从未使用过"现代性"这个概念,但是却有丰富的现代性思想。如国内学者指出的那样,"目前学术争论的焦点主要不在于马克思有无现代性思想,而关键在于如何理解和看待马克思的现代性思想"。伊格尔顿(Terry Eagleton)曾经评论,只要现代性还不死,人们还生活在现代性的矛盾之中,马克思的思想就会是相关的。[①] 马克思对现代性问题有自己独特的视域,他对现代性既有肯定的一面也有批判的一面,一些学者只看到了马克思对现代性的批判而忽略了他对现代性的肯定。正确而全面地认识马克思的现代性批判思想,对我们反思现代性有着重要的指导性意义。

马克思将现代性视为资本主义的生产方式。解决人类社会的现代性困境,必须了解现代性的本质特性。利奥塔认为,"资本主义是现代性的名称之一",马克思在批判资本主义社会的时候,揭示其本质"一切固定的僵化的关系以及与之相适应的素被尊崇的观念和见解都被消除了,一切新形成的关系等不到固定下来就陈旧了。一切等级的和固定的东西都烟消云散了,一切神圣的东西都被亵渎了"。马克思认为资本运动就是不断追求最大限度的利润,同时驱使资产阶级不断变革、创新,不断扩展,刺激了现代性的生成和发展。他说"资本一出现,就标志着社会生产过程的一个新时代"[②],马克思立足于从资本逻辑为核心来考察现代性问题,企图从现代性生成的历史性批判中探寻现代社会形成的历史基础和内在必然性。马克思对资本主义的批判实际上也是对

---

① 胡刘:《马克思现代性思想的方法论》,《学术研究》2004年第11期。
② 《马克思恩格斯选集》(第二卷),人民出版社1995年版,第172页。

现代性本质的揭示。马克思用资本主义生产方式对现代性的矛盾加以论述，一方面，他肯定了资本主义在生产力发展方面的成果："资产阶级在它不到一百年的阶级统治中所创造的生产力。比过去一切时代创造的全部生产力还要多，还要大。①"……另一方面，他又指出异化劳动使人们依附于物，导致价值理性让位于工具理性。而这种矛盾要依靠共产主义社会中新的生产关系的确立得以实现。马克思是始终以辩证的态度来看待资本主义的，他把社会的现代化的过程作为人类文明的一种历史必然，把资本主义看作现代性的一种积极结果。"马克思对现代性的理解也的确是一个逐渐发展的过程，经历了一个从赞赏、争取到怀疑、反感、理性批判和科学创新的过程"。② 因此，对于现代性批判本身的应有之义不仅仅是批判本身，更重要的其实是反思与创新，即重构现代性。只有批判的批判是不完整的，为了重构的批判是马克思对于现代性的科学态度。对于现代性的批判是人类对现代性的否定。在批判中重生的不仅是哲学，现代性也会在人类对现代性的批判中重生。

现代性的后果在马克思看来都是异化劳动的结果，现代性的困境实质上就是源于人的异化，继而导致社会与伦理的异化。异化是马克思对现代性理论中出现的一个重要概念，他把现代性归结为以异化劳动为基础的异化的普遍化。也就是说，社会生活的各个方面都存在着程度不一的异化。尽管人的异化这一话题在马克思视域中的时代背景虽已远逝，但

---

① 《马克思恩格斯选集》（第一卷），人民出版社1995年版，第277页。
② 雷龙乾：《马克思的现代性批判理论刍议——兼论"物的依赖性"》，《北京大学学报》（哲学社会科学版）2007年第1期。

问题却仍然存在。日本哲学家望月清司在《马克思主义的历史理论研究》一书中很好地表达了这一矛盾，他认为虽然外化和异化使人残缺不全，但是外化和异化让人成了类的存在。人被分工所分割，但是人不参加分工也没法结合成社会。望月清司的历史理论十分值得我们思考和深思。依照历史唯物主义，摆脱现代性困境从而实现人的自由全面发展的途径并不是抛弃现代性，而是认清异化的本质，借助异化阶段的物质积累，为实现共产主义做好基础。"共产主义是私有财产即人的自我异化的积极扬弃因而是通过人并且为了人而对人的本质的真正占有；因此，它是人向自身、向社会的即合乎人性的人的复归，这种复归是完全的，自觉的和在以往发展的全部财富的范围内生成的"。① 这是马克思对现代性批判的态度，也是对异化的扬弃的观点的阐述。人类通过异化的阶段进而才会实现人的自由而全面的发展。马克思对现代性的批判走过的是批判、反思、扬弃和超越的过程，这个过程才是历史发展的必然逻辑，也是人类社会前进的指向。因此，我们可以说马克思是现代性的批判者和叛逆者，同时马克思也是现代性的赞赏者和重建者。

### 3. 现代性主要特点是理性及其衍生

在众多的国内外学者的视域中，把现代性的主要特点归纳为理性及其衍生。正如我们在生活中感知的一样，理性已经成为现代社会至高无上的方法与准则。马克思也早在19世纪就对技术发展所引起的社会变革以及对人的统治进行了

---

① 《马克思恩格斯全集》（第三卷），人民出版社2002年版，第297页。

▶ 中国行政组织伦理的现代性反思与重建

尖锐的批判。在当代，技术已不再是作为大机器系统的技术，它已经成了人的生存的一种特定的方式、社会系统运行的一种形式，普遍的技术化更突出了它的理性化特征。

现代性的主要特点是理性的高扬，其主要表现在科学性为主的至上性。现代性是以倡导人的自由理性为特征的，它把理性作为衡量和评判一切事物的尺度。康德将理性的能力与作用进行了系统的思考。在康德看来，理性应成为对自然和道德立法的核心，理性具有至上性，是认识和道德的最高根据。黑格尔在康德之后将理性概念推向顶峰，在认同理性是所有人类精神意识的最高成就及表现基础上，他将其作为一切事物的根据和标准："凡是合乎理性的东西都是现实的；凡是现实的东西都是合乎理性的。"[1] 理性在韦伯这里，成为衡量现代社会进步的标准。现代社会已经成为理性的社会，人们秉承理性的精神、原则与方法，且也主张全社会应当以理性，而不是以信仰作为判断是非的标准。理性几乎占领了人们生产和生活的所有的领域，理性的权威在人们的心中被坚固地建立起来了，并成为现代社会最为推崇的判断标准和行为准则。

现代理性带来了科学性为主的至上性。科学性不断占据社会中的重要位置。从传统社会向现代社会过渡的过程，同时也是科学和理性战胜愚昧和野蛮而不断取得全面胜利的过程。现代社会极大地促进了人类社会科技水平的提高。宗教与传统在社会中逐步隐去，使得高水平的科学活动与进步成

---

[1] 黑格尔：《法哲学原理》，范扬、张企泰译，商务印书馆1961年版，第11页。

为可能。文艺复兴恢复了理性、尊严和思索的价值。文艺复兴带来了实证主义的兴起，抛弃了僵化死板的经院哲学体系，将科学方法和科学实验大量地运用在各个领域，认为一切都可以通过实验和科学得到验证，科学在人类的社会中占据了主要的位置。当上帝死后，大家信奉了"知识就是力量"，用知识取代了对神的敬仰，更加相信的是科学知识带给人们生活的改变，最可靠的知识来源不再是上帝或者曾经存在于人类心中的至高无上的神祇，而是来自经过科学方法验证过的实验和经验。近代科学在理性、客观的前提下，用知识与实验完整地证明真理，获取关于世界的系统知识的研究。这种思维方式和科学方法带来了科学尤其是自然科学的突飞猛进。科学不但标志着人类认识自然、革新自然能力的突飞猛进式的进步，更日趋成为现代社会进步中最主要因素的标志。

在与社会进步的相互作用中，科学对实践的指导作用得到不断加强，科学体系本身也不断壮大，它对人类历史的重大影响日趋显著。科学最初是与整个社会结构和文化传统结合在一起的。它们彼此相互支持——只有在某些类型的社会中，科学才能兴旺发达，反之，没有科学持续地和旺盛的发展与应用，这样一种社会也不能正常地运行。科学技术给人类带来了极大的好处与方便，科学甚至渗透在人们所能触及的各个领域，引导并影响了人类的价值理念与思维方式，悄然改变了人类的生存方式，使社会生活的一切领域均遵循理性化的法则变成可能，"只要人们想知道，他任何时候都能够知道，从原则上说，再也没有什么神秘莫测、无法计算的力量在起作用，人们可以通过计算掌握着一切，而这就意味

▶ 中国行政组织伦理的现代性反思与重建

着为世界除魅。人们不必再像相信这种神秘力量存在的野蛮人一样，为了控制或祈求神灵而求助于魔法。技术和计算正在发挥着这样的功效，而这比任何其他事情更明确地意味着理智化"①。现代社会里，科学性就这样悄然地无所不在地融入了人类生活，科学性至上也逐步成为人类主要的思维方式之一。人们更崇尚科学的方法和信任实验室的数据，对神明的畏惧都在科学发展进步的催化下，撕去了宗教原本神秘的面纱。科学变成了无所不能的工具，科学性至上是现代社会理性高扬的主要特点，它甚至开始肆无忌惮地侵占文化和传统对人类的价值观念形成的空间。科学性的横虐就在于人类对科学的痴迷性。理性的衍生物为机械化、规范化和制度化，以及工具理性的至上性。"工业文明社会的这套规则或范式体现为六个方面：标准化、专门化、同步化、集中化、极大化和集权化"。② 这便是由理性所衍生的产物，或者说，在理性的大旗下，社会的各个层面都渗透出了理性的特征带来的对现代社会的全面阐述。机械化、规范化、制度化是理性在社会生活中的具体的呈现。在现代社会，传统不再能保证社会的稳定与秩序以及人类行为的一致性，所有的问题都不得不被放到建立在科学性原则基础上的组织、规则、法律和政治框架中去予以思考并加以解决。人们更加信仰的是规则与制度带来的同一化，而科学和理性为现代社会提供了统一的基础假设，并以此取代那些根植于历史中的传统、习俗

---

① ［德］马克斯·韦伯：《学术与政治》，冯克利译，生活·读书·新知三联书店1998年版，第28—29页。

② ［美］阿尔文·托夫勒：《第三次浪潮》，黄明坚译，中信出版社2006年版，第30—39页。

和宗教。传统与现代的思维范式，在近代几百年的现代社会形成的过程中碰撞冲击，显得差异明显甚至有些格格不入。人类在传统社会积淀的几千年的传统、习俗和宗教在现代社会里反而变得具有相对性了。传统社会的思维范式和习惯是一个缓慢演变的过程，其源远流长的形成过程奠定了传统社会稳固的心理结构和社会根基。而这一切在现代社会的冲击下人们开始无所适从，传统社会的传统、习俗和宗教开始面对如何继承与割裂的难题。

理性的社会带来了工具理性与价值理性的分裂。现代社会的"合理性"已经成了形式合理性的代言词。形式合理性即注重的是形式上的考量而忽略了整体的价值导向。以达成目标为结果，致力于运用各种手段的达成某种特定目的，对于行为是否符合实质上的合理，或者是否符合人类价值诉求的判断都并不实质顾及，这就造成了实质上的"工具合理性"。工具合理性是缺乏价值判断的，表面上是一种与价值无关的中立行为，而由于缺乏了价值合理性的指导而造成的后果往往是并不合乎价值的。异化劳动使人们依附于物，导致价值理性让位于工具理性。"职业劳动领域内部的互动在道德层面上变得中立了，以致社会行为可以脱离规范和价值，转而从工具理性出发各自追逐自己的利益"。[①] 韦伯对现代社会的理性分析，突出了现代社会中"工具理性"与"价值理性"的对立和分裂。"这种理性主义的局限性在于把理性绝对化、凝固化，割离了其与感性生命、生活世界的联

---

① ［德］马克斯·韦伯：《新教伦理与资本主义精神》，于晓、陈伟纲译，生活·读书·新知三联书店 1987 年版。

▶ 中国行政组织伦理的现代性反思与重建

系,成为一种'空洞'的极权"。① 在这种科学性生活方法的影响下,人们开始对他人的行为进行预测,并开始关注人与人之间交往与生产的效率问题。

理性及其衍生物成为现代社会的普遍化存在,同时也成为现代社会的新问题。在启蒙精神的鼓舞下,人们确信,人类所面对的和将要面对的一切问题都将因科学技术的发展而得到最终解决,科学技术已经成了新的救世主,是绝对正确的客观真理,而且成为一切是非曲直的最高判别标准。一句话,哈耶克称此为"科学的反革命"或"理性的滥用"。正如马尔库塞在《单向度人》中指出的那样,在现代社会,单向度的人,是丧失否定、批判和超越能力的人,这样的人,不再有能力去想象与现实生活不同的另一种生活,人们的精神也同样受其科学精神奴役。从海德格尔开始,人类不断检点对于科学主义思潮盲目性崇拜,怀疑人们坚持科学主义统一性与合法性。这一过程一方面为超验价值(尤其是宗教信念)限定了范围,让笼罩着迷幻色彩的幻象不再理所当然:"那些终极的、最高贵的价值,已从公共生活中销声匿迹,它们或者遁入神秘生活的超验领域,或者走进了个人之间直接的私人交往的友爱之中。"②

正因为如此,现代社会往往忽视了人性,人的情感和价值理性。如马克思所深刻揭示的那样"技术的胜利,似乎是以道德的败坏为代价换来的。随着人类愈益控制自然,个人

---

① 王珏:《后现代视阈中伦理谋划的道德哲学基础》,《道德与文明》2008年第6期。
② [德]马克斯·韦伯:《学术与政治》,冯克利译,生活·读书·新知三联书店1998年版,第48页。

却似乎愈益成为别人的奴隶或自身的卑劣行为的奴隶"①。在现代社会里，随之而来的是工具理性对人们生产和生活领域的全面控制，"职业劳动领域内部的互动在道德层面上变得中立了，以致社会行为可以脱离规范和价值。转而从工具理性出发各自追逐自己的利益"。② 这一由工具理性打造的"铁牢笼"将价值理性隔离在外，人的自由与解放再一次成为空谈。

### 4. 理性的异化

科学性至上及工具理性的凸显也可以说是理性的异化现象，即把理性的力量完全外化，反而桎梏了人的全面发展，忽略了人的价值取向。

"理性，作为人区别于动物的类特征，在其逐步发展的过程当中发生了变质，成为支配人这一理性主体的异己力量"。③ 如前所分析的，理性是现代性的最基本的特征，是启蒙运动以来最伟大的变革与成果，在理性的旗帜下，人类才更加追逐效率与科学的发展与技术的突飞猛进。理性的道德规律是一个具有普遍意义的规律。完整意义上的人类理性，至少包括内在关联着的两大要素：科学性和人道性。因此理性是人类追逐善的方式，是探寻人类之本源的方法，在原本的意义上，理性与道德是交融在一起不能分开的，它包含着

---

① 《马克思恩格斯选集》（第一卷），人民出版社1995年版，第775页。
② ［德］马克斯·韦伯：《新教伦理与资本主义精神》，于晓、陈维纲译，生活·读书·新知三联书店1987年版，第216页。
③ 蒋明柳：《非理性：理性救赎之途——对理性异化的哲学反思》，《经济与社会发展》2010年第4期。

▶ 中国行政组织伦理的现代性反思与重建

智慧、价值与反思的"三位一体",是人类思考的结晶与进步的阶梯。在人类社会进步的所有路径上,都闪烁着理性的光辉。在马克思那里,理性也是有结构的,马克思所理解的理性也是追求真理与实现价值这两种要素的有机统一。

理性的对象化。在世界被科学技术改造的进程中,理性成为最有力的理论工具。特别是近代以来产生的自然科学的理性成为一种为人支配的工具,并发掘出"观念"的"内在性"。[1] 这种内在性就是理性通过人类实践改造世界,从而实现理性自身价值。在现代社会里,理性的工具性逐步凸显,并通过科学理论的形式进行了充分的展现。理性让人类拥有了更为有力的改造自然的能力,成为一种可以让人类更为强大的工具,世界改造的成就让人类对理性更加推崇和崇拜,这种崇拜更多地源于理性的工具价值与实用价值。

这种理性的工具性表现就是理性的对象化结果。"理性的对象化是指人类通过理性形成理论、观念,从而指导人类按其意愿改造外部世界产生的结果"。[2] 人类将理性当作实现自身自由发展的工具,运用理性创造出具有强大发展之势的理性世界。科学主义思潮就在这种理性对象化的过程中诞生,成为一股强大的思想力量。在这个过程中,微妙而又不知不觉地完成了从理性向工具理性的转变。尤其现代社会中的科学技术更是一把"双刃剑",既可以用来发展生产,改善人们的物质生活同时也是一种工具理性的扩展,它的高度膨胀,也会变成生产力和社会的畸形发展的原因。在现代理性主义

---

[1] 吴国胜:《什么是科学》,《博览群书》2007年第10期。
[2] 蒋明柳:《非理性:理性救赎之途——对理性异化的哲学反思》,《经济与社会发展》2010年第4期。

## 第四章　行政组织伦理困境的根源

日益发展的时期，一切事物都工具化了，对一件事物的考量都是从工具性和实用性出发，包括知识、技能、科学，理性的世界几乎等同于工具化的世界。从这个角度出发，经验和实在就是行动的效果，真理的评判标准变成了手段与目的的达成，"归纳、分析、比较、观察和实验是理性方法的主要条件"[①]，而价值则在工具理性的世界里消逝了。在理性主义的发展进程中，人们对理性的内涵认识得越来越深入，人类对改造世界的手段就越丰富，人类认为在理性的引导下，主体靠超感性的逻辑力量取得了对自然和社会的胜利。问题是，理性的胜利在社会关系方面导致适得其反的后果。

理性的异化。理性的对象化使得理性成了人类可以掌握的工具，并给人类带来了实在可见的效益，此时的理性已经与哲学家们之前研究的原初的理性大不相同了，已经不再是不可碰触和捉摸的神秘之物，而是沦为人类实现自身价值和效用的工具。但就如工具会不断被改造，甚至被淘汰一样，理性作为一种工具，在被人类使用的过程中开始变得不受控制，就像是要免遭淘汰一样与人类开始抗争，试图逐渐取代人的主体地位。随着人类对科学技术的狂热追求，理性作为其"内在性"在发展的过程中被逐步划分为价值理性和工具理性。于是，理性作为人之为人的基本条件之一发生了"异化"现象，成为一种"物的逻辑"开始统摄"人的逻辑"。

所谓"理性异化"就是理性的后果成为主体的异己力量，并反过来束缚或反抗主体自身。理性的结果与人的初衷相悖，二者之间产生突发性和暂时性的碰撞。"异化的理性

---

① 《马克思恩格斯选集》（第一卷），人民出版社1995年版，第331页。

▶ 中国行政组织伦理的现代性反思与重建

以机器的形式对社会发生作用，社会使固定化为物质的和精神的工具的思想与自由的活生生的东西协调一致，使思想与作为他实在的社会本身发生关系"。① 也就是说启蒙精神把理性作为人们摆脱神话、战胜自然的工具，认为理性不会与人发生矛盾，这源于培根的"知识就是力量"的这种工具化思维，所以人们误将理性变成了统治工具。理性自身异化的根源在于人们的纯工具化的思维方式，把周围世界的关系，同人的关系做了工具化的理解，普遍性、必然性的知识理性不仅发生在周围世界、自然和人身上，而且也反作用于自身，理性日益自律化，代替上帝成为新的神，这就是启蒙精神的内在矛盾。它们都是人类在生产实践中创造的客体，体现了理性的智慧，后来都成为一种异己力量，反过来支配、控制、压迫、统治人。理性的异化在近代以来表现为工具理性一脉膨胀，科学主义唯我独尊。随着工业革命的发展，科技理性不断膨胀，人被完全置身于工具理性的控制之中，文化精神也被科学化理性化了。启蒙运动的理性主义为欧洲文明提供了至今还为许多人相信的启示：理性对自然的控制是社会进步的唯一途径，人类毫无疑问地可以驾驭自然世界，可以以控制自然的知识类型和技术范式，设计符合人类要求的社会工程。人类只有控制好自然，使之符合和满足人们不断增长的需要，人才能创造美好生活。启蒙理性确立了人在实存中的一种与自然的关系和人对自然的伦理，确定了人的自我生存的基本样态与价值导向。

---

① ［德］马克斯·霍克海默、西奥多·阿道尔诺：《启蒙的辩证法》，渠敬东、曹卫东译，重庆出版社1990年版，第175页。

科学理性在认识自然和技术操作上的巨大成功，使人们逐渐地习惯于仅把它视为一种纯粹工具性的东西。工具理性与价值理性日益分离，并遮蔽了后者。作为手段的理性，却成为判断行为成功与否的标准。这样一来，人们往往把理性只当作工具性的能力。而把人的生存目的、社会责任仅看成理性之外的存在，这便将工具性等同于目的性本身而偏离了人的真正意义。现代社会把理性精神变成绝对化的、片面性的和缺乏发展动力的僵硬形式所带来的人的责任异化状态。

### 5. 现代性的社会对行政组织的影响

现代行政组织面临的伦理困境其实都是在理性及其衍生物的统筹下形成的，这是价值理性和工具理性等理性异化的主导因素得以被推崇的必然结果。当人类树立了理性的观念的时候，其实就树立了一种思想工具，通过理性这种思想工具把自然界改造成他们想支配的那样。即由于人们工具化的思维，导致技术理性异化，成为统治力量，进而使整个社会的方方面面产生异化。灭绝性的种族屠杀、世界性或区域性的战争、生态的进一步恶化所带来的生存危机、能源危机，从人类理性中脱壳的文化异变，生活方式的简单化、技术化和虚拟化，人道主义掩盖下的霸权主义、人性的压抑、道德的沦丧和信仰缺失等都显示了理性异化带来的人类生存方式和状态的恶化。现代性的固有特点和时代背景带来了行政组织伦理失范的根源。

在现代性的社会中，现代性的特点渗透在行政组织的各个环节，其为我们带来便利的同时也产生了诸多的伦理问

▶ 中国行政组织伦理的现代性反思与重建

题。现代行政组织的内核在于对理性的无限追求,对法理的无上崇拜。以官僚制为代表的制度设计的意图即在于尽量排除其他因素的干扰,要以法律、法规、文件来规范组织及其成员的行政行为,以避免个人情绪和偏爱等非理性因素影响组织的理性决策,以确保组织目标的实施。同时也要求公与私有一种明确的界限,组织成员间是一种对事的公务关系,处理组织事务时只需要考虑其合法法、合理性、正当性。这样一来,因为官员流动和升迁是由制度本身所规定的量化标准来确定,那么官员的公务关系由于制度程序化而弱化。现代社会的高度分工化和职业化及标准化的特色下,人的技能与发展主要从维护组织的功用角度及提高效率的角度出发,不断地满足组织对高效率的追求,完成自己作为"技术角色"的工作要求,忽略自身的发展需要,抛弃人的自由发展的目标,被组织"控制",被组织的目标"奴役",这种产生于自己的超越摇身一变成为一种人定向性,人被自己的力量带入了"技术"的世界,可是离自我却越来越远。科学性至上无疑给行政组织也带来了新的变化,组织的内部以科学为衡量合理性的标尺,将技术大量地引入到了组织的各个工作领域的内部,当科学与技术遍布组织的各个角落,人与人之间的距离反而拉远了,组织内部的时空分离便成为可能也是必然。

工具理性的凸显对行政组织中的工具性凸显主要表现在目标与手段的倒置,表现在更加关注效率的提升忽略了行政组织促进社会基本价值的目标。当代许多公共行政理论,"都把效率和经济作为评估政策或执行政策的正确尺度"。对行政组织来说,"紧张的日程安排、繁重的工作负担,使他们无暇反思价值问题和原则问题。人们只关心'怎么办'的理论，却很少去思考'结果会怎样'"。① 其实，行政组织追求效率、致力于目标的低成本快速完成本身是无可厚非的，从一定意义上，实现最大的效率的行政管理有促进公共利益的立足点和满足公众具体需求的实际成效。但是，这种对于高效率的追求和对手段的关注应有一个合理的平衡点，即在工具理性的支配下占有一定的合理比例。效率并不是也不能作为行政组织唯一的价值追求和终极目标。过于追求效率带给公众的只能是眼前的短期的利益而绝不可能带来公众的基本价值及公共利益的价值实现。也就是说，不能光想"怎么办"，而要思考"结果会怎样"。忽视价值理性的行政组织必然会让其行为偏离基本轨道。

现代行政组织"把每个人的生活分割成多种片段，每个片段都有它自己的准则和行为模式。工作与休息相分离，私人生活与公共生活相分离，团体则与个人相分离，人的童年和老年都被扭曲而从人的生活的其余部分分离出去，成了两个不同的领域。所有这些分离都已实现，所以个人所经历的，是这些相区别的片段，而不是生活的统一体，而且教育我们要立足于这些片段去思考和体验"②。这种碎片化的生活不可能形成具有普遍整体意义的道德原则和规范，相反，更容易产生道德唯我论和道德相对主义。行政组织产生了无法确定的责任主体、组织对个人道德形成的制约以及行政组织

---

① ［美］特里·L. 库珀：《行政伦理学》，张秀琴译，中国人民大学出版社2010年版，序言。
② ［美］麦金太尔：《德性之后》，龚群等译，中国社会科学出版社1995年版，第257页。

价值的游离等伦理困境，这都是与现代社会所固有的特点所分不开的，这也是现代社会的现代性问题在行政组织身上的体现。从现代性的理性异化的观点出发，为分析伦理困境的形成与破解具有重要的理论意义和实践意义。

## 6. 中国的现代行政组织同时面临着工具理性过剩与不足的复杂困境

中国的现代性脱胎于中国传统文化。在第一章中我们曾经论证过中国的现代性的特点和独有的现代化发展进程轨迹。与很多西方世界的国家又有所不同，中国的现代性脱胎于中国几千年的传统文化，行政组织既有着与其他国家现代行政组织相一致的现代性特点，也有着更多我们必须深入探讨和剖析的不同之处。在本节的前部分，我们认为，现代行政组织存在着现代性问题，现代性的问题主要表现为工具理性侵占了价值理性的应有空间，工具理性及其衍生带来了行政组织的伦理失范。中国的现代行政组织除了具有这相同的特点之外，我们不能忽略的另一点是，中国行政组织还面临着工具理性尚且不足的困境。工具理性的过剩与不足，这看起来相互矛盾的两个特点，却在中国的现代行政组织中交织出现同时共存，在人们面前呈现了更为复杂的伦理困境。如前所述，与现代性相伴相生的是工具理性占据了人类社会的思维方式和生活方式，科学化、专业化、标准化成为人类衡量事物的主要尺度。因此现代行政组织主要呈现了对规则和理性的无限追求和崇拜，用规则和制度排除了组织中的个人对整体事物的影响，这是现代行政组织的共性问题，是现代性的烦恼。而与之不同的是，工具理性的不足却也是中国传统文化的伴生品。

原因之一是，中国人的"伦理本位"让中国人处理公共问题重关系轻规则。无论是中国的历史还是文化，无不昭示着中华文明的博大精深和内敛含蓄。几千年的中华文明留下来的是协调处理人际关系的和谐和人际交往的伦理规范。中国人一直习惯了熟人社会的交往方式，崇尚人的等级和尊严，习惯了家族内部人的地位和职责甚至尊卑，重在恪守人与人之间的伦理规范。就如梁漱溟所言说中国传统社会既不同于英美国家的"个人本位"，也不同于苏联国家的"社会本位"，乃是"伦理本位"。"伦理本位"的重点在"相关系之两方之对方"，是更加看重人与人之间的关系本身。正是这"伦理本位"，中国人更注重"私德"，而非"公德"。如父与子之间的关系，君与臣之间的关系，夫与妻之间的关系，兄与弟之间的关系，有关这类关系的处理与行为规范，中华民族流传积淀了一整套伦理体系规约着人们的行为和习惯，可以算是在处理私德方面极为成熟完备的人类文明的宝贵财富，因而在中国社会中私人道德的地位高于法律。正因为伦理规范的繁荣，中国人在处理问题的时候更加注重人情与对方感受，而对规则的把握往往会让位于情感。在这一点上，费孝通先生曾经表述中国人的人际格局为"差序格局"，意指的是中国人的人际关系，如同水面上泛开的涟晕一般，由自己延伸开去，一圈一圈，按离自己距离的远近来划分亲疏。而西方人的人际格局是"团体格局"，团体格局中的道德体系的基础是人与人之间的平等，人人平等因此每个人的权利平等，权利平等形成了互相监督的团体，最后形成了平等的国家，人们在国家法律的规定范围内行使权力。可见，

▶ 中国行政组织伦理的现代性反思与重建

西方国家的人际关系"团体格局"更加有利于尊重法制、尊重规则的意识形成。这是与中国的差序格局不同的地方。

原因之二是，公共空间建设的缺位让中国缺乏"公德"的传统建设土壤。"中国传统社会迥异于欧洲传统社会，从中国社会的政治传统和发展历史看，长期处于哈贝马斯所谓的'代表型公共领域'阶段。"[1] 这种"代表型公共领域"指的是公私合一型的公共领域。因中国的"家天下"，就注定在"家"与"天下"之间空缺了"公共空间"的建设，缺少在社会中表达私人立场和思想的公共场所。在中国传统社会，"个人服从于家族与国家，个人或私人团体没有参与公共事务的权利，社会没有由私人集合而成的向政府争取权力的公共领域，也就没有相应的民众参与公共事务和表达意见的空间"[2]。由于长期缺乏建设"公德"的传统，我们也就不难理解中国人在现代社会中的公共空间里的道德伦理缺位的现象。比如，公共场所大声喧哗、乱丢垃圾，甚至对待公共环境的不爱护，尤其是在处理一些事务的时候会熟人和陌生人不同对待、内外有别，这类现象都可以从中国传统社会的缺乏公共事务的管理和习惯中一窥端倪。有人将这些现象简单归结为中国人素质低下，其实这既是不全面也是不客观的。经历过中国传统社会的洗礼，中国人还不习惯抛开熟人社会家族生活的规范的影子，走入现代的中国人还没有在短短的一百年的时间内形成成熟的公共空间建设的伦理规范。以"私德"来指导公共空间的行为显然是不匹配的，而"公

---

[1] 于雷：《空间公共性研究》，东南大学出版社2005年版，第65页。
[2] 裴雯、张兴国、廖屿荻、陶陶、冯维波：《中国传统社会、权力与权力公共空间》，《重庆大学学报》（社会科学版）2011年第4期。

德"的树立是需要时间、实践来孵化和培植的。现代行政组织是处理社会公共事务的集中地，需要管理的就是集体公共事务。那么，中国传统社会的"官衙"处理事务的道德规范是否仍然可以在现代行政组织里继续全部沿用？在中国传统社会里，权力运作自上而下形成一种辐射状的模式，这种官僚制与现代的行政组织有着相类似的权力下达网络结构。从治理的理念上看，官则曰："父母官。"民则曰："子民。"为政则曰："如保赤子。"又曰："以孝治天下。"可见，中国传统社会里的"官衙"代表天子行使的是父母的权力，对待人民的公共事务是以"父对子"的方式，这与现代社会中保障公众的合法权益，为全体公众服务并不完全一致。有如国内学者所谈，中国人的执法精神不够，而且很容易徇情。这种从传统社会里走出来的因人与人之间关系不同而异的法则，就呈现了理性精神不足的弱点。因此，在我们批判现代性的工具理性逐步在挤占价值理性的空间的时候，还必须看到中国现代行政组织延续的中国传统的工具理性不足的特点。中国人几千年的传统文化如何创新性地融入现代行政组织是一个重要课题，既不能完全抛弃旧有的，也不能凭空创建新的，这就是现代中国公共行政的责任。公共行政要加强行政组织的职能转变，突破传统官僚高度集权的窠臼，实现权力重心的下移。克服由于历史、传统、习惯等多重因素的综合影响和发展阻力，加快现代公共行政的时代转型。

## 第二节　行政组织权力与权利的悖论

在行政组织伦理困境的分析中，我们会产生这样的质疑，那就是在行政组织公共职能的行使过程中为何会损害公共利益，给公众造成损失乃至较大的破坏，行政组织在具体的运行过程中为何会背离了公共性的轨道，甚至是与公共利益相对抗。这种公共职能的变质，要从现代性的后果中去寻找，也要从行政组织权利与权力的关系中去寻找。

**1. 行政组织公共权力的来源**

如前所述，行政组织具有公共权力。行政组织本来是具有一定公共职能的机构，它所具有的行政权力是一种公共权力，它所涉及的对象是公共事务，其所追求的是一种公共利益，因此，公共性是行政组织的突出特性。科学运用行政组织的公共权力，不断提高行政组织的合法性、维护公民的合法权益、促进社会发展与和谐进步等方面都是行政组织的应有功能。行政组织所拥有的公共权力，顾名思义，指的是经由公众的委托和授意，行使对整个社会事务实施公共管理的权力。行政组织使用它所拥有的公共权力履行为公众服务的职责。应该说，公共权力是与行政组织诞生的那一刻起就已经存在了，而且是合理合法的存在，具有强制性和威严性。行政组织其运作的主要目的是提供公共政策和发展公共服务，维护公共秩序和实现公共利益，这是行政组织运行的价值基石和道德基础。

与传统社会强制性的君主专制独裁不同，从现代行政组织的产生来看，现代行政组织公共权力的来源是公众的权利。按照近代启蒙学者的观点，公共权力是通过公民权利的让渡而设立的，所以可以说，如果没有公众权利的让渡那么一定就不会形成公共权力。公共权力是人类社会在发展的过程中自然形成的一种工具，人类利用这种工具来处理和协调社会关系，"因此，权力的实质不过是权利的一种整合形式。其外延在逻辑上既不能超出这部分在程序上让渡出的权利的总和，也不能低于它"。① 从这个角度上理解，公共权力是为公众权利而存在的。公共权力是从权利派生出来的，公共权力是保障公民权利的工具，因此，公共权力必须忠诚于公众权利，这是公共权力合理合法性的基础。

公共权力是公众的私人权利的整合。何为私人的权利，这个权利概念的探讨由来已久，具体而言，在西方政治思想史上，最重要的权利概念是自然权利，而诸如人权等权利概念则是从自然权利中推演出来的。洛克是启蒙运动时期自然权利理论的经典阐述者，他从自然状态出发，论证了人的权利是与生俱来的，是人一出生就自然被赋予的，它们都是神圣不可侵犯的，这些自然权利主要包括"生命、自由和财产"，进而他论证了公共权力的产生，认为公共权力不过是人们部分自然权利的让渡结果。政府的产生受制于明确而具体的目的，那就是保护人们的生命、自由和财产安全。政府的产生和公共权力的行使，都必须得到人们自觉自愿的同意。不经过人们同意的公共权力是不具有合法性的。作为公共利益的代表者，行政组织的使命就是对公共利益的维护，这是其存在之时起的固有功能，公共权力必须忠诚于公众的权利，违反了公众的权利便是失去了行政组织存在的合法性基础。

---

① 朱林：《权力的伦理》，《学术界》2003 年第 4 期。

## 2. 行政组织公共权力的悖论

为了保障公共权力的有效行使，公共权力便具了权威性和强制性的特征。公共权力的目标是公共的，但要实现维护公共利益的这个公共目标，要通过公共权力的基于对暴力的占用和垄断而带来的强制性手段。也就是说，在公共权力产生的同时，公共权力的权威性与强制性便与权力本身如影随形了，失去了权威性与强制性的公共权力便无执行性和有效性可言，也失去了履行职责的根本保障。因此，公共权力是公众让渡给行政组织，但是同时能够让公众必须服从的一种力量。马克思和恩格斯以历史唯物主义的方法论科学地揭示了公共权力的起源及其本质。从应然的意义上看，公共权力作为一种组织起来的力量，应该是归属于整个社会的，每一个社会的成员都分有这种权力。所以，权力必须是服从于社会的整体利益，行政组织必须分辨公共利益与部分人的利益，在复杂的矛盾中能够挖掘那些背后所隐藏的共同性利益，即社会的公共利益。行政组织应该在社会整体的近期利益与长远利益之间寻找平衡点，从而在促进社会整体利益最大化的过程中实现个体利益的最大化。这就是公共权力的应然层面的目的，也是公民对公共权力的最终价值期待。

但是我们应该注意到，公共权力的行使，是掌握在行政组织的人手中的，也就是说，行政组织是处于公众中个人与社会之间的一个中介，这个中介拥有并掌握了公共的权力，掌握了公共权力的行政组织有了让公众必须服从的强制性力量。但是行政组织本身也是一个由个人所组织而成的集体，这个组织中的人必然是公众的人群的一小部分。行政组织与

## 第四章 行政组织伦理困境的根源

组织中的个人都有着它本身的利益，社会整体利益的外在需求与组织中个体利益的内在需求有可能在某些方面是吻合的，但不可能是完全一致的，二者并不具有必然的完全的一致性。这种不一致性，正是一切道德问题发生的根源，也是行政组织伦理困境的根源。因为这样便产生了公共权力的悖论。公共权力的悖论就表现为：一方面，社会要保持和维护良好的秩序，健康的发展，就需要公众让渡个人的部分权利以形成公共权力来管理社会、促进整体利益的共进，因此公共权力起源于人类和社会的具体需要和期待，是权力与社会的统一状态；另一方面，公共权力一旦集中就不可能在所有人的手中共同行使，为保证其有效性，公共权力必定是由社会中的少数人掌握的，这种掌握公共权力的少数人又存在着谋取私利的可能性，使得公共的权力失去公众的监督和控制，私利会诱使公共权力的具体行使者使用公共权力谋取私人利益，从而异化为危害社会的强权力量，这表明公共权力对社会的背叛和侵犯的可能，在这种情况下，公共利益与个人私利就构成了对立。

在发生私利高于公众利益的情况上这里有两种不同加以区分，一种是行政组织自身的利益与公众利益的背离。这种背离体现的是作为伦理实体的行政组织为了维护组织以及组织内部一小群人的利益而背离了公众的利益，侵占了组织之外的更广大的公众的利益，将行政组织的利益与公众的利益分开了，将公众让渡了部分权利而形成的公众权力当作了组织固然拥有的组织的权力。另外一种情况是行政组织的某些个人利益与公众利益的背离。这便是组织内部出现的不道德的个人，即公共事业的破坏者和公共利益的蛀虫。每个国家

▶ 中国行政组织伦理的现代性反思与重建

都存在程度不一的腐败事件，这些腐败官员都给社会和公众甚至行政组织本身带来了极大的损失和恶劣的影响。马克思主义关于人性善恶的科学论述，为我们分析公共权力的悖论提供了科学的人性论依据。恩格斯曾经说过人是来源于动物界并且永远不能完全摆脱兽性的，他说："自从阶级对立产生以来，正是人的恶劣的情欲——贪欲和权势欲成了历史发展的杠杆，关于这方面，例如封建制度的和资产阶级的历史就是一个独一无二的持续不断的证明。"① 因此公共权力的悖论有其深刻的人性根源。人天生具有趋利避害和谋求自强发展的本性，这种本性具有不断扩张的趋势和倾向。公共权力的运行都是由每个具体的人来掌握，而掌握公共权力的人在自利性和自利心的牵引下，往往把公共权力当作为个人谋取利益的私人工具，公共权力被当作私人的权力。另外，公共权力的运行往往以个人利益的得失为前提，政策制定的出发点不是公众的利益，而是组织利益甚至是领导者的个人利益。这些都意味着公共权力的运行不可避免地要受到人性善恶的影响。权利要时刻提防权力。"一切有权力的人都容易滥用权力，这是万古不变的一条经验，有权力的人们会运用权力一直遇到有界限的地方才休止"。② 因此，一旦行政人员的个人利益与公共利益、政府的组织利益与公共利益发生冲突，行政人员的个人利益、政府的组织利益必须服从公共利益。一旦行政人员的个人利益和政府加组织利益超越了公共利益，就表明行政组织走向了自己的反面，出现了公共利益

---

① 《马克思恩格斯选集》（第四卷），人民出版社1995年版，第237页。
② ［法］孟德斯鸠：《论法的精神》（上），张雁深译，商务印书馆1995年版，第154页。

的行政人员个人化与公共利益的政府组织化。丹尼斯·缪勒也说:"毫无疑问,假若把权力授予一群称为代表的人,如果可能的话,他们也会如任何其他人一样,运用他们手中的权力谋求滋生的利益,而不是谋求社会的利益。"① 行政组织竟然成为"公共利益"的最大侵蚀者。

公共权力的悖论可以得出,行政组织所出现的与公众利益的偏离实际上是拥有公共权力的组织本身一直所存在的问题,这个问题存在的原因就是行政组织也有自身的利益,行政组织对自身的发展的追求决定了其有使用权力的属性和崇尚权力的特征,总有着反对公意的可能性,总有着滥用职权和蜕化的倾向,不停地在努力反对主权,不断对立法权进行入侵,对人民的自由和平等空间进行挤压。当组织自身的利益或者组织内个人的利益与公众利益的不一致的时候,社会发展便偏离了公众利益的轨道,应然性的理论设计便成为一种空想,引发了行政组织的伦理困境。在人类的发展中,实际上,公共权力被少数人所攫有,并成为他们实现其私利的工具,组织本身丧失其公共性特质,人类是有着深刻的感受的。对于一个国家来说的表现便是,行政组织凌驾于社会之上,从而公共权力表现出作恶的倾向与可能。

### 3. 行政组织的自身利益与公众利益的相悖

对公共权力的价值判断是双重的:一方面,公共权力具有代表社会公正、维护公民权利的"善"的价值目的,另一方面,对于个体而言,公共权力更是一种潜在的威胁公民权

---

① 高晓红:《政府伦理研究》,中国社会科学出版社 2008 年版,第 157 页。

▶ 中国行政组织伦理的现代性反思与重建

利的可能的"恶",而且由于它具有特殊的强制力,它对公民权利产生威胁,将比其他形式的威胁更大。[1] 行政组织的存在,离不开公共权力,也可以这样说,没有公共权力,行政组织也将不复存在。但是,即使行政组织有侵犯公众权利的可能性,人类也无法离开行政组织对社会事物的管理与服务,至少在现阶段,只要共产主义没有实现,人类是无法真正地将行政组织抛离人类社会的舞台的。按照马克思、恩格斯的观点,从最终意义上来说,国家将统一于社会之中,公共权力最终将从行政组织的手中回归给全体人民,但这必然是一个漫长的过程。"阶级不可避免地要消失,正如它们从前不可避免地产生一样'随着阶级的消失,国家也不可避免地要消失'以生产者自由平等的联合体为基础的、按新方式来组织生产的社会,将把全部国家机器放到它应该去的地方,即放到古物陈列馆去,同纺车和青铜器陈列在一起"。也就是说,行政组织的公共权力最终是要伴随国家消亡而消失的,这个公共权力消亡的过程就是政治国家的消亡过程,也是行政组织的公共权力向人民转移的过程,在国家消亡之后,行政组织将逐渐取消管理和服务等职能,那时人民广泛参与社会公共事务中,从而实现了彻底意义上的人民主权。因此,现代行政组织的"公共权力只有确实是在保护而不是榨取其成员时才是现实的权力,才能使人服从,才能成为真正有效的东西"[2]。公共权力的悖论也同样体现了行政组织的伦理困境,行政组织的公共权力"只在现实的服从中才是

---

[1] 刘祖云:《当代中国公共行政的伦理审视》,人民出版社2006年版,第75页。

[2] 高晓红:《黑格尔论作为伦理实体的政府》,《学海》2007年第3期。

现实的权力"①。也就是说，侵占了公众利益的公共权力是不合法的，而行政组织很容易将组织与公众分离开来，将公共权力变为了侵占了公众利益的权力。

尽管行政组织需求和追求自身利益具有客观合理性，但毕竟行政组织不同于一般的社会组织，行政组织所执掌的是公共权力，维护的是公共利益，公共性是其根本属性。因此，行政组织的一切行为，都必须代表和维护公共利益，行政组织作为一个现实的伦理实体，不能将自身的利益凌驾于公众之上。有悖于此的政府必然丧失其存在的合法性。因此公共权力要能够真正实现普遍福利和公众的普遍需求，就需要一种服务、奉献和献身的精神，一种"不声不响地服务英雄主义"。用黑格尔的话来讲，政府就是服务，政府是为实体服务的。"服务的英雄主义——它是这样一种德行，它为普遍而牺牲个别存在，从而使普遍得到特定存在——它是这样一种人格，它放弃对它自己的占有和享受，它的行为和它的现实性都是为了现存权力利益。"②

我国是社会主义国家，为何也会出现一些行政组织的自利现象并印证了权力与权利的悖论，这是否与我们的"为人民服务"的执政党与政府的理念不一致，是不是与我们的社会主义制度相冲突呢？社会主义制度建立以后，政府组织树立了"全心全意为人民服务"的行政理念，这是社会主义行政组织理所当然的价值追求的向度，这种价值向度与社会主义的制度及行政组织的伦理实质是完全吻合的。马克思主义

---

① ［德］黑格尔：《精神现象学》（下卷），贺麟、王玖兴译，商务印书馆1979年版，第53页。

② 同上书，第52页。

之所以被中国民众认同,是因为它指导中国革命取得了成功,而改革开放30多年取得的最大成就是解决了人民的温饱问题,保障了人们最基本的权利,这也是"为人民服务"的根本体现。但是这不等于说,我们可以忽视存在的问题。苏联与东欧的社会主义国家之所以会失去了原本的社会基础,就是因为行政组织形成了事实上的"政府本位"现象。也就是说,作为一种行政范式,其核心的"观念范式"是以行政组织——政府作为本位,还没有真正地实现社会公众本位的观念。尤其是在苏联,建立的是高度集中的政治与经济体制,利用行政组织的力量将社会高度一体化,从而实现了国家与政府对社会的全面控制与安排。因此,其所谓的公共权力其实是没有真正体现为公众服务的价值,而是国家与政府垄断了所有的社会资源与社会价值。这种国家与社会的关系必然造成公民社会自主性的丧失与社会自治能力的弱化,从而产生社会与国家关系的离异与冲突。因此造成了东欧与苏联的剧变,追究其深刻的社会根源,值得我们深思的是:在自利性的驱使下,行政组织常常以"为人民服务"为借口,行"为自己服务"之实。在我们谈论社会主义政府利益与社会公共利益一致性的同时,也不能忽视由于政府自利性所导致的政府自身利益与社会公共利益的矛盾与冲突。在社会主义社会,公共权力同人民大众相分离,仍然是社会分工的结果,但社会主义的公共权力的伦理取向是为人民服务,当行政组织的视野仅关注自身的利益时,其行政组织的服务公共的伦理宗旨便失去了实质的意义。

按照马克思主义理论的思想,行政组织的公共权力必然会向人民转移,即便这是一个长期的行为过程,但是从总体的发展来看，行政组织使用公共权力是不断地在向将权力归还给人民而发展，所有自利性、将权力过于集中的行为都与此方向是背道而驰的。现在，我们就要深入而透彻地分析如何有效地规避行政组织的自利性的倾向。遮盖在公众利益下面的行政组织过度追逐自身利益势必会带来行政组织与社会发展的背离，逐步失去信任的基础。因此，只有把社会公共利益摆在其自身利益之上的行政组织才能说是为公众服务的，才是真正践行了其伦理宗旨。其实真正意义上的为公众服务绝不是抽象的，它具有丰富的内涵，也有判断的依据。行政组织是否能够通过向社会与公众提供公共产品与公共服务来满足公众不断增长的需要，是否能够将自身组织的利益放在公众的利益之下接受公众的评判和监督。我们可以关注到，党的十八大以来，一直在强调"打铁还需自身硬"，而让"自身硬"就是将自身建设与实现行政组织的奋斗目标的辩证统一，自内而外的坚持行政组织的价值理念的辩证统一。对于行政组织内部的对党内提出了党要管党、从严治党的战略任务，政府也提出了多项改革措施，目的即是将"执政为民"落到实处。行政组织只有以社会中的普遍利益为前提，它的存在才有在历史当下的合法性。

## 第三节　价值理念的缺失

行政组织的伦理困境的深层次根源还在于执政价值理念的缺失。行政组织的公共服务需要价值理念的指引，反映人类的最高价值诉求，才能让人类社会在正确的轨道上发展和进步。在具体的实践中，当一个国家的行政组织中存在着公共权力出租、以权谋私、发展路径失衡等问题时，人们往往寻找法律和制度方面的根源，并不断地去反思制度的缺陷以及体制的不完善，很少会从伦理的角度去思考问题的根源。如果也认识到了行政组织的价值理念的重要性和根本性，就会主动地去做出伦理的思考，即行政组织应认清到底什么才是公共利益的根本，也就是行政组织到底应该树立怎样的价值取向。

中国共产党在成立之初，就矢志于解放全国的劳苦大众，使全体人民翻身做主人。中华人民共和国成立后，全心全意为人民服务一直成为党和政府工作的根本宗旨与职责，但在此后的不同历史阶段，服务和工作的侧重点内容与程度产生差异甚至曲折，这与对为人民服务的内涵的认识深浅、偏全有关。党的十六届三中全会以来明确提出以人为本的价值理念，就是对人民服务意识在新时期的深化和提升，党的十八大的召开，更是把经济、政治、文化、社会、生态文明"五位一体"的全面建设作为新时期的任务，一方面丰富了以人为本理念具体的本质内涵，另一方面也充分展现了贯彻以人为本主导价值信念的精神实质。中国在近期提出的"四个全面""五大发展理念"政府处在改革创新的前沿，政府的改革创新的程度标志着国家治理体系和国家治理能力现代化所达到的水平。应该说，以人为本就是中国的行政组织的价值理念。行政组织的价值理念是行政组织进行公共管理的基本指导思想，是在行政组织履行公共职责的过程中体现的判断和选择的价值标准。如果说，价值理性是行政组织行政行为的理性的应然性表达，那么价值理念便是价值理性的实质内涵指向。因此，价值理念是行政组织的行为的灵魂和导向。

### 1. 价值理念应是马克思人的自由全面发展的体现

伦理的困境，要从伦理的视域里去探寻。面对行政组织的发展中存在的伦理问题，人们开始在价值理念的角度上去寻找答案。伦理的其根本宗旨在于寻求终极价值归属。

"理念"（ideal），康德认为，是各种观念的统一体。即理念是一个理论体系，这个体系中包含了个人或组织对人、物以及关系的根本看法，因此理念是带有普遍性意义的。而"价值理念"作为认知、情感、意志、理想和信仰的综合体，是"人们对已经发生、正在发生和将要发生的自然、社会和精神现象的价值认识和价值态度，又是人们努力追求的价值理想以及用以支撑这种追求的信仰体系"①。这种信仰体系同时是人类逐步形成的，是对人具类本性追求的特征，对人类社会的发展具有指向性。人类要想获得和谐与健康的发展，唯有建立更合理的价值理念。我国学者徐宗良认为"价值理念，是高度浓缩的基本价值观念，是对价值的本质性陈述和表达"。② 因此价值理念又不能与价值观简单地等同起来，应该说价值理念是比价值观更为根本的实质性表述，是道德关注的根本，是能够统摄其他各种观念的理念，或者说是道德原则的源头。

价值理念有以下两个特点。

其一，价值理念应是人类对人生存之根本的思索，是带

---

① 刘晓新：《当代人类价值理念的几点思考》，《北京联合大学学报》（人文社会科学版）2003 年第 1 期。
② 徐宗良：《现代价值理念的影响与作用——兼论康德"人是目的"等思想》，《道德与文明》2011 年第 2 期。

▶ 中国行政组织伦理的现代性反思与重建

有根本性和普遍意义的观点，体现的是社会的核心价值或根本价值。在这一点上，国内的一些研究论点中出现一些概念相混杂的情况。部分研究人员一度将价值观念与价值理念混为一谈，忽视了价值理念本身应是最具根本性意义的表述，是价值观念背后的思想源头。我们再回过头来看看在"普世价值"争论中涌出来的各种价值观念，自由、平等、民主、法制、市场、享乐、公正、环保等多种价值观念都在争论中被当作"普世价值"而推崇。这些观念都是现代人类社会发展过程中，人类在追求自由全面发展的所产生的产物。这些价值观念并不是人类从过去到现在公认价值观念的全部，而只是其中的一部分。因此过多的争论只是在价值观点的层面上，并未涉及价值理念的讨论。"以人为本"这样的理念可以作为现代社会的核心价值，因为"以人为本"价值理念从根本上和总体上规定了当代人的价值取向和价值追求，是当代人类处理自身如生存的基本原则。"以人为本"的价值理念一方面表达了现代社会人之为人的价值和意义所在，另一方面，它又为现代社会提供了合理处理人与人之间的关系、构建民主政治基本结构与规范系统的思想指导和前提条件内涵。从"以人为本"的价值理念来看上述所提出的当代人类的核心价值理念已经形成了一个结构整体。国内的学者江畅认为人类公认的价值理念为："幸福、智慧、自由、责任、平等、公正、民主、和谐、市场、法制、科技、道德。"[1] 其实言及的这十二大理念都是"以人为本"的体现，是现代价值理念的具体化、现实化和时代化的表述。应该说，马克思

---

① 江畅：《论人类公认的价值理念》，《天津社会科学》2001年第1期。

人的自由全面发展观从头至尾体现了"以人为本"的价值理念，提倡人的行动自觉自愿自主，提倡人与社会和自然和谐统一的发展。马克思认为人们的需要即他们的本性。旨在强调人并不是一种工具，人的一切活动首先都是由人的需要所引起的，是人的本性。启示我们要意识到所处的社会阶段，在充分利用市场经济促进生产力发展的同时对其产生的负面因素保持清醒认识，保持以人为本的伦理追求的目标和人性的尊严，并努力为让每一个人的能力得到自由而全面的发展不断积累创造实现的条件。

其二，价值理念是公众认知的价值原则，不是一个人或者一小部分人的观点，应该是全体公众的意志体现，是各个主要观念的统一体。在马克思看来，人的自由全面发展，既体现为人的社会关系的自由全面发展，又体现为人的能力与个性的丰富拓展，人的能力是人类表现和确证自己社会本质的内在力量，任何人的职责、使命、任务就是全面地发展自己的一切能力，这也正是行政组织的定位与职能所在，实现每个人的自由全面发展是人类社会的发展目的与终极意义，也是人类自身对行政组织存在的愿景与期待。价值理念是伴随着人类的公认产生的，这是人类在对于如何更好地生存、生活中逐步沉淀形成的普遍的信念。这也就意味着，价值理念能够指导人类的价值原则与生活原则是自然形成的。因此价值理念的形成就不会是一蹴而就的事情。因为社会的变迁，在不同的时期有不同的价值理念，比如前现代的道德秩序是围绕社会中的等级制概念展开的，这种等级制度表达和对应着宇宙中的等级制。人们通过自己在整个等级和秩序整体中的恰当位置来获得自我的认同、行为规范、价值感和生

▶ 中国行政组织伦理的现代性反思与重建

活意义。这显然与现代价值理念有着明显的不同。现代社会中，全球一体化已经成为当代人类最基本的生存状态，与全球一体化进程相伴随，当代人类核心价值理念是以个体为轴心，以刺激和鼓励个体自由追求实利为基本价值取向构建起来的价值理念体系。因此，价值理念有着鲜明的时代特征。价值理念是人类追求人类生存价值的本质，与人类社会的发展是息息相关的。价值理念正确与否，关系到整个人类的前途和命运，因而是应给予高度关注的重大理论和现实问题。

### 2. 价值理念应是行政组织的价值追求

所谓核心价值理念，是一个文化价值观体系中，居于基础性地位或支配性地位的观念，是标志一个文化价值观体系性质的观念。对于伦理实体的行政组织而言，价值理念对于行政组织的行为准则与价值取向具有更为实质的意义。可以说，价值理念的正确树立是行政组织的更好实现其为公众服务的伦理原则的根本所在。美国学者诺贝尔奖获得者罗杰·斯佩里（Roger Wolcott Sperry）认为科技在某一学科内的进步远比不上我们在价值观上的一点改变而带来的影响。行政组织价值理念重要性可见一斑。如果说行政组织应该具有价值理性，那么价值理念便是回答行政组织该具备怎样最根本的价值取向和道德原则的问题。

价值理念是行政组织对行政行为选择中必然包含着的价值追求。这种行政价值追求在本质上不仅仅是行政主体服务于国家和社会公共事务管理的愿望、意志和行为的总和，同时也是行政组织的应对客观要求与公众期望的具体而明确的价值取向。这种价值取向同时是一种价值期望，而这种价值

第四章　行政组织伦理困境的根源

期望经过行政组织的加工和提炼之后，具体指导着行政组织的所有行政实践。因此，行政组织的价值理念首先是明确现实要求与公众认可的，同时在所有的行政实践中是一以贯之的，是所有行政实践的运动和发展的趋向和动力，体现的是对价值理念自觉主动的实践回应，是行政组织价值理念的客观化的过程。如果说行政组织的价值理性是为了行政组织的道德性，作为一个伦理实体的道德规范与价值，那么价值理念就揭示了价值的根本所在。作为一个组织，与个人的价值体系不同的是，应该追求的是一种"客观价值关系"。对于"客观价值关系"的阐述，简要地说，"就是内蕴于实际生活中的普遍性的价值观念"①。俞吾金曾经指出个人应该避免把自己主观上的好恶或情感因素带入评价活动中去。其实对于行政组织，这点是更为重要的。行政组织更应该将先行地探索的是内蕴于实际生活中的普遍性的价值观念，使之摆脱狭隘的主观性的轨道，用以引导自己的评价活动。

如今中国正处于发展的转型期和急剧变迁时期，社会生活发生了深刻变化，相应地，价值理念的变革和转型已经成为一种时代性的系统工程。如果我们将中国的国情进行全面系统的分析就会发现，当前我国的价值观的现状是复杂而多元的，在不同的地域和不同的人群中呈现了非常明显的层次性和差异性。根据学者俞吾金的分析，在当代中国同时存在着三种不同的价值体系，第一种是传统的价值体系更多体现的是中国的传统价值，应该说是前现代体

---

① 俞吾金：《价值四论》，《哲学分析》2010 年第 2 期。

系；第二种是现代价值体系，即与现代化进程中的理性与个体的解放所紧密结合在一起的价值观的集合；第三种是伴随着现代性的产生而兴起的后现代的价值体系。这些价值体系交织在一起，各自有各自的正面价值与负面的价值，价值体系不仅相互之间、与每个价值体系的内部都存在着不同程度的矛盾冲突的交织。这种多样化的价值体系并存的现状令人忧虑，传统、现代、后现代的价值体系复杂的交织在一起，很难形成合力。多元文化价值体系之间相互竞争，价值矛盾和冲突普遍而尖锐的在社会实践与社会生活中存在和纠缠着，社会发展急切需要形成真正有强有力引领性的价值体系。具有普遍号召力和影响力的价值体系一旦缺失，就不能形成国家和前进的理论支撑点，进而难以形成思想共识。因而，从党的十六届六中全会提出的社会主义核心价值体系这个科学命题，党的十八大提炼的国家、社会、个人三个层面的社会主义核心价值观，都是巩固全党全国人民团结奋斗的共同思想基础的需要。社会主义核心价值体系是中国引领社会思潮、凝聚社会共识的重要思想武器，也是社会主义制度在现代化建设过程中的有力回应，是中国社会主义建设的文化软实力和思想核心。社会主义核心价值观是社会主义核心价值体系的价值内核，是对现代社会发展进程和发展规律的准确预判、洞察和掌握。它是对马克思主义政党的"以人为本"价值理念在中国发展中的进一步具象化和实践化，旨在破解当下中国社会发展所面临的现代性难题，致力于解决如何用中国的自身的逻辑完成现代性的转型，实现中国的现代性价值，构建中国的现代性道德。中国行政组织应以社会主义核心价值理念为基准，重建新的社会价值秩序，将价值理念贯穿执政始终最大限度地为在社会中形成社会思想共识而做积极行动。

### 3. 行政组织价值理念失向的几种表现倾向

行政组织存在的价值源于国家、社会与公众的一种发展需要。对于一个行政组织来讲，它的价值理念是为了实现其存在价值而服务的，是为了实现国家、社会、公众个人的发展而服务的。因此，行政组织的价值理念必须予以牢固的确立，并成为组织和个人从内而外的价值追求。只有这样，才能建筑坚固的价值堡垒，才为行政组织实现其伦理价值而提供思想上和行为上的可能条件。然而，作为创生的伦理实体，是有着价值理念与社会发展失向的可能性的。如果缺失了正确价值理念，行政组织内部的价值多元与混乱会带来组织本身的功能失衡以及社会整体的发展失向。行政组织价值理念缺失般呈现出了以下几种倾向。

首先是行政组织的功利性价值倾向。功利性价值倾向主要体现在对行政组织价值观的扭曲与误解上，在具体的行政实践中主要有两种表现的形态：其一就是不合理的政绩观对公众利益的侵犯。这点主要表现在行政组织中不道德的个人（尤其是有资源配置能力的人）对行政组织行为与目标的功利倾向的选择，使得行政组织的决策与运行更加注重眼前利益。在现实中受到的功利化的政绩观的影响，将公众利益放置一边，将功利化的指标作为政绩工程的追逐的方向，用社会建设的表面繁华掩盖了公众生活质量的提高的实质需求，用眼前的利益遮盖了科学发展的长远利益。盲目追求不正确的政绩带来的短期效益必然会严重损害社会经济发展的长期效益。我们从来不能够否认组织中有资源和权力的个人在行政组织中能够形成的不正确的组织价值引导。在一些领导干部的眼里，GDP 是衡量其工作能力的最直接因素，因此也带动了所在的行政组织本身对 GDP 的简单盲目追求，用 GDP 的显性数字掩盖了潜在的发展危机和社会矛盾。在享有经过快速发展带来的生活便利的同时，人们越来越关注行政组织在社会发展中的长期导向性的功能发挥，行政组织的价值理念应该更科学合理，更实事求是，更着眼于长远利益和根本利益，也更贴近人民。其二表现在对社会道德建设的忽视。这点主要表现在主要关注了经济的增长而忽略了社会道德，以简单衡量生活水平的提高遮盖了社会道德水平的建设。邓小平同志曾经提出过物质文明与精神文明建设，"两手都要抓，两手都要硬"。因此，公共行政价值选择中重经济功利、轻道德正义既违背了中国文化传统的基本精神，也不符合社会主义国家公共行政的内在功能要求。"政府只有担当起道德责任，才能果断地抛弃片面追求单纯的经济增长的发展模式，建立起追求生态平衡、经济增长和人的素质提高相统一的合理发展模式，将人们的注意力引向对未来的关注，使人们担当起对未来的责任，并集中力量来解决社会发展所面临的各种问题"。[①] 经济快速发展，社会道德建设反而没有跟上经济发展的步伐，当社会建设中的道德伦理规范不能与经济发展相匹配的时候，社会矛盾的存在会更加容易激化和尖锐

---

① 彭定光：《论政府的道德责任》，《中南大学学报》（社会科学版）2006年第3期。

突出。行政组织应当承担道德责任，这是毋庸置疑的。中国的行政组织是社会主义人民政府，政府的行为应该反映人民群众的根本利益，更应该保持与社会公共利益相一致的不懈追求，应该是将以马克思主义理论为指导以人的自由全面发展为目标的改革与发展。在转变政府职能的过程中必须将组织的道德责任贯穿始终，增强政府行为活动的道德性，引导政府及其工作人员树立以公共利益为核心的价值取向。但客观地讲，在中国的行政组织建设实践中，都更多地强调政府的政治、行政、法律等责任，相比之下对道德责任建设问题的强调则普遍不够。"长期以来，人们仅仅看到了公共行政的政治职能、经济职能和社会管理职能，但没有从理论上认识到公共行政的道德职能问题"。[①] 让我们印象深刻的"挟尸要价"、小悦悦等恶性社会事件在社会中引起了强烈的反响，归根结底，这个社会的道德建设需要强有力的引导，因此具有公权力的行政组织需要承担社会发展的道德责任，行政组织在道德建设与经济发展之间的导向找到平衡点，才会让社会发展不会失衡。其次是行政组织的无价值性的倾向。无价值性倾向主要是指行政组织忽视了自身的在公众的价值引导的功能，忽视自身的价值理念的践行与实践。在具体的行政实践中主要有两种表现的形态：一是行政组织拒绝价值理念的"内化"。主要是指行政组织忽略了"以人为本"价值理念在组织内部的价值引导和伦理定位的作用，在具体的行政实践活动中，不能主动自觉地将价值理念对组织的政策、制度、工作方式中得到充分体现，没有真正把价值理念

---

[①] 张康之：《论公共行政的道德责任》，《行政论坛》2001年第1期。

▶ 中国行政组织伦理的现代性反思与重建

内化在自身的组织建设中。而没有充分发挥"内化"功能的行政组织，只把自身作为事务处理的机构，组织中的个人亦仅仅把行政职业看作谋生的手段。价值理念悬浮在行政组织的行政行为过程中，在具体实践中表现在将执政党、行政组织的价值理念挂在墙上、写在纸上，但是并没有落实到行动上，更没有渗透进行政组织的内核。价值理念的悬浮必然就造成了理论与实践的脱节，这就形成了行政组织的工具论，即行政组织只是处理具体行政事务的工具，是中性的，不带有价值理念引导性。工具论与中国的政党—政府关系所折射出的行政组织的政治性所不相适应，也与行政组织本身所应承担的实现公共利益的公共性不相一致，行政组织的政治性、公共性价值被拒之门外。行政组织活动本身所折射和反映的一定是其对价值理念的理解和深化，不能将价值理念内化的行政组织在推动社会变革的过程中是乏力而失准的。拒绝价值理念的"内化"就是将行政组织作为一个中性的行政工具，只认可行政活动本身的价值，维持行政行为的现状，缺乏行政价值的深度探究。拒绝价值理念"内化"的行政组织就没有了灵魂，失去了价值引导的行政行为是零碎分散而没有方向性的，不利于形成持之以恒的行政目标，不能够形成长期有效的行政组织的行政效果。二是行政组织弱化了价值理念的"外延"。行政组织的价值理念体现是一个国家的价值导向。"外延"是行政组织将价值理念通过自身的践行通过行政管理活动的渠道对社会公众进行的价值引导。这种价值引导既直接面对着社会中的公众也包括其他的组织。"外延"的弱化与行政组织价值理念的"内化"不足所不同，是行政组织接受并认同价值理念，但是将价值理念悬浮

第四章　行政组织伦理困境的根源

在行政组织的行政行为过程中，并没有有机地融入进而形成应然的行政效果。有了深刻的"内化"才会有的"外延"。"外延"是行政组织对价值理念"内化"的体现，是实现价值理念"内化"并更好完成行政责任的有力"手臂"。"外延"和"手臂"是行政组织将价值理念落地生根的根本保障和具体举措。无论是行政组织价值理念的"内化"的不足还是"外延"的缺失，都导致了事实上的行政组织的无价值倾向。没有价值导向的行政组织便缺失了为民执政的根本观点和立场。三是行政组织的自利性的价值倾向。与无价值性的倾向不同，世俗性的价值倾向是行政组织将公共权力作为捞取不正当利益的资本，不能正确地对待本能与人格、生存与发展等价值冲突与选择。"政府价值不能通过自身来规定，政府的价值是通过政府与国家、政府与社会、政府自身的矛盾运动来实现的，它只是适应国家和公民需要的一种工具"。[①] 而在一个自利性的行政组织里，行政组织不仅没有成为适应国家和公民的工具，而是将国家和公民赋予的公共权力变成了自己的工具，组织及个人能够更多地获利成为行政的主要目标，置为公共利益服务的行政价值于脑后，追求短期效应，将行政组织及组织中个人所拥有的资源与权力作为捞取政绩与个人升迁的资本。无论是国内还是国外，传统官本位的思想仍然深刻而广泛地影响了人们对公共管理职业的认识。在市场经济的背景下，部分人的思想中仍然残留着一些不正确的思想，有不少人把参与公共管理当作发财和捞

---

① 顾平安：《政府价值的自我求证——兼论政府机构改革的本质》，《国家行政学院学报》2001年第1期。

▶ 中国行政组织伦理的现代性反思与重建

取利益的机会，考虑的是自身的直接各种利益，忽视了组织责任及个人责任。在行政组织以及组织中的个人在行使公共权力时，拒不承认公共责任与义务，没有为公众服务的意识。主要表现在其价值理念完全建立在追求享受、向社会索取、满足自己及其家人生存欲望的基础上，将自身利益凌驾在公众利益之上成为理所当然的事。这些都是个人主义、享乐主义的表现。有一点必须把握的是，行政组织不履行伦理责任的同时就丧失了其组织的公共权利。这些不能正确地理解价值理念的现象带来的不仅是权力的腐败，也逐步地表现出了价值理念倾向于低俗化。腐败的问题一旦得不到强有力的遏制，便会成为行政组织里盛开的恶之花，在行政组织执政的各个领域里泛滥成灾。如何根治腐败是世界性难题，无论是在多党制执政的国家还是在一党执政的国家，腐败现象都不同程度地存在着。因此，一个"自利性"的行政组织暴露出来的社会问题会层出不穷，这是对行政组织存在合法性的颠覆，也是对国家的执政党和行政组织执政能力的严峻考验。功利性、无价值化、自利化化的价值倾向都是行政组织价值理念缺失的一些具体的表现，将"以人为本"的价值理念正确理解并一以贯之地用以塑造行政组织的决策和行为显得尤为必要和重要。有人认为行政组织只用按规定和制度办事就可以规避价值理念迷失的弊端，以制度和规范约束行为，那么制度的约束和规范是否可以完全替代价值理念在行政组织中的价值导向的作用呢。这显然有待推敲，案例三中的环境生态污染的问题就显示了即使我国已经制定合理的制度规范也需要统一的价值理念的引领，法律和制度永远都无法把行政行为固定在某些一成不变的模式之中，它必须为行

第四章　行政组织伦理困境的根源

政行为留下一定的自由空间，而这个空间既有可能成为行政主体发挥创造性的前提，也有可能成为行政主体滥用权力和以权谋私的机会。所以，正是由于法律和制度为行政行为留下了一定的自由空间而使伦理规范显得至关重要。中国行政组织的价值理念的缺失的几种倾向表明，我们缺失的并不是价值理念本身，而是对价值理念的正确认识和认真落实，是将价值理念体现在行政行为中的具体行动。我们一直在提倡的行政组织"为人民服务"，执政为民、要"以人为本"的价值理念并不是一句口号，更不能容忍政府官员以"为人民服务"的名义谋一己私利，将"执政为民"变成了"执政为己"，而是要通过思想和制度的双重建构，深入地贯彻在行政组织的公共管理活动中。

现代性的特点、权力与权利的悖论以及价值理念的缺失是我们对行政组织的伦理困境几种根源的反思。从世界范围来看，传统社会过渡到现代国家的短短几百年时间里，治理框架、制度结构、群体意识并没有真正形成一套现代组织伦理的成熟架构。组织的伦理困境综合体现了在现代社会行政组织的伦理规范迫切需要进一步调整和树立。因此，国家治理体系和治理能力现代化建设是迈进全面现代化的一个迫切而全新的理论命题。推进国家治理体系和治理能力现代化，便是让价值理念更加深入地融合现代社会发展的步伐和格局，将"以人为本"价值理念贯彻到组织与个人的思想和行为。国家的治理体系和治理能力现代化被提到了一个关键的位置上，现代化的建设目标是制度的现代化、组织的现代化、国家的现代化，最终实现人的现代化。行政组织的执政能力是影响一个国家政治发展和政治文明的关键，也在很大程度上影响着国家治理现代化的实现。要全面实现人的现代化，国家治理体系的现代化及行政组织的现代化建设刻不容缓。中国正处于改革开放的转型期，经过了几十年的社会主义现代化建设，人民群众对于进入改革开放新时期的中国充满着期待，对于中国的治理体系、生态环境、政治生态、发展前景等方面都更加地关注和关心，对社会发展提出了更高更新的要求。这既是社会的进步，也是中国面临的治理挑战。

行政组织作为国家治理的行政主体，理应成为国家治理现代化的先锋。在社会主义国家，执政党与行政组织是领导与被领导的关系，执政党对行政组织的影响是全面而直接的。主要表现在执政党的各级组织在行政组织中发挥核心作用，执政党对行政组织的工作实行领导和监督。因此，在中国，中国共产党的建设对于中国政府执政能力建设有着深远而显性的直接影响。分析中国行政组织现时期存在的伦理困境，反思行政组织尚且存在的伦理问题，终归是体现了现行的组织伦理体系是否能真正与现代性相适应，是否能够真正与社会发展规律相一致，是否能真正与社会主义的价值体系要求相吻合的问题。当前，中国共产党将全面从严治党作为"四个全面"战略布局中总体考虑，党的十八届六中全会中进一步对全面从严治党进行了总体部署聚焦新形势下的党内政治生活准则，提出了新形势下加强和规范党内政治生活的"四个着力"，审议通过的《关于新形势下党内政治生活的若干准则》，结合新的历史条件，以问题为导向，对党内政治生活重大问题做出了系统化、具体化的明确规定。这些部署，都体现了中国在推进国家治理体系现代化，引领中国执

## 第四章 行政组织伦理困境的根源

政党和行政组织的建设更加适应社会主义现代化的建设要求，更加尊重公共权力的行使规则，更加贴近"以人为本"的价值理念。中国行政组织紧紧围绕国家治理体系和治理能力现代化来推进党的建设，将其上升为党和国家的重大战略举措，要用自身的实践去验证和探索科学回答社会主义国家的行政组织解决和回应伦理困境这一时代主题，是对社会主义执政党建设基本规律的深入探索，也是对马克思主义建党学说的创造性坚持和发展。无论是西方发达国家还是发展中的国家都要共同面对行政组织的伦理困境的问题。行政组织的发展离不开哲学伦理的关怀，这是一个时代课题，伦理困境的解脱也需要从哲学伦理的视角。无论是资本主义制度还是社会主义制度在现行的条件下，都要面临行政组织的发展与社会发展不完全适应的各类问题。对于中国来说，既要找到其他国家与中国行政组织发展与建设的统一性问题，善于借鉴全世界的先进经验；同时也要深刻认识到国家之间因历史、制度、文化、传统和发展层次的差异性，落脚在中国自身的发展实践。因此，中国必须从继承中国优秀传统道德和借鉴西方伦理研究的基础上，兼备世界眼光和中国情怀，找到适合我国行政组织伦理困境的解决之道。

# 第五章　现代行政组织伦理建设的重构

正因为行政组织面临着伦理困境，自20世纪70年代以来，随着知识经济的发展，欧美等国开始在理论与实践中着手探索对传统行政组织的革新。这个问题对于中国来说也有同样重要的意义。今天的中国已然不是百年前的中国，可以说，今天的中国是一个现代的中国，而不再是一个传统的中国。中国目前正处于社会转型之际行政组织的改革面临着现时代发展的严峻考验。作为处理公共行政事务的组织机构，能够尽快完成自身的转型，从而促进国家的发展。结合考察行政组织的伦理问题，寻找中国未来行政组织改革的路径，具有重要的理论与现实意义。

在本书的分析中，我们得出了结论：现代性的社会背景，行政组织对权力与权利关系的处理失衡，价值理念的缺失这三个方面就是现代行政组织伦理困境的根源。针对三个伦理困境的根源，结合我国的具体实践，从理性的完善、伦理制度的建设及伦理精神的重构三个方面去寻找适合我国的现代行政组织伦理困境解除的可行途径，通过现代性的反思，完成行政组织现代伦理的重构。

第五章　现代行政组织伦理建设的重构 ◀

# 第一节　行政组织理性的重建

回首以往，当人们认定理性对现代文明的伟大推进作用时，就在于看到了理性能够克服人作为动物界一员的狭隘眼界，即能够超越感性的局限性。在现代社会中，理性由于其工具性的凸显而逐步异化，那么理性的完善必然是行政组织伦理重建的开端。在马克思的视界中，"异化"不但描述一种背离家乡，偏离本性，成为他者，感到陌生的过程，而且还含有一种价值判断，意为回归自己的本源，恢复自己的本性。马克思的异化理论使我们认识到理性在现代社会的异化，但是这个异化过程中出现的问题并不是"理性化"自身的错，也不在于技术理性化的错，而在于人们对"理性"作了片面的理解，把理性仅仅理解为工具理性。面对行政组织伦理的现代性困境，从扬弃理性异化的角度，对行政组织的理性进行完善。所以，首要的问题是重建"理性"观，理性的重建从价值理性及公共理性的两个维度来进行。

### 1. 价值理性的回归

理性化的发展其实是人类社会发展的一个必然趋势，如前面所分析的，现代社会正处于一个理性异化的阶段，理性的异化源于工具理性在社会各个领域的无限度的凸显。在《1844年经济学哲学手稿》中，马克思说："扬弃是使外化返回到自身的、对象性的运动。"[①] 它的积极意义在于："这

---

[①] 《马克思恩格斯全集》（第四十二卷），人民出版社1979年版，第174页。

▶ 中国行政组织伦理的现代性反思与重建

是在异化的范围内表现出来的关于通过扬弃对象性本质的异化来占有对象性本质的见解；这是异化的见解，它主张人的现实的对象化，主张人通过消灭对象世界的异化的规定、通过在对象世界的异化存在中扬弃对象世界而现实地占有自我的对象性本质。"①

价值理性与工具理性的密切关系。在启蒙带来的理性中，人类利用理性这个工具占有世界、自然以及所有可以达到的领域，将社会改造成了人类自身想要的样子。其实，人类在按照自身想象改造社会的过程中，对工具理性的过度解读和崇拜却让人类逐步丧失了对理性的本质理解。合乎工具理性原则的科学性，用一种纯形式的、客观的、不包含价值判断的思维方式和立场，主要被归结为手段和程序的可计算性，是一种纯粹客观的合理性。与工具理性相对的是价值合理性，价值理性又叫实质合理性，是指立足于某一信念、理想的合理性，它要求对行动的目的和后果做出价值判断，是一种只关乎伦理主义或道德理想的主观合理性。两种合理性的主要区别在于形式合理性不包含价值因素，价值合理性则具有鲜明的价值特征。我们必须认识到价值理性与工具理性的关系，为理性异化的扬弃奠定必备的理论基础及客观正确的态度。

价值理性与工具理性是相伴相存的，价值理性与工具理性互为存在的基础和条件。这是因为，价值理性与工具理性不能失去对方而单独存在。价值理性为工具理性提供精神动力和智力支撑，也就是说，价值理性为工具理性提供价值指

---

① 《马克思恩格斯全集》（第四十二卷），人民出版社1979年版，第174页。

向，体现其价值性；但是同时，工具理性是价值理性实现的必要手段和载体，是现实支撑，体现其工具性。没有价值理性，工具理性将失去方向，没有工具理性，价值理性终究只能停留在空想的阶段，失去其现实意义。因此，在社会的向前发展中，工具理性与价值理性相互交融在人类的理性实践活动中，不能完全分开，而是浑然一体的。只有这两种理性有机结合，既保持张力同时能够占有合适的比例与位置，人类社会才能健康良性地发展。

　　理性的异化源于工具理性的泛滥。综上，可以归纳，价值理性是解决行政组织"要做什么"，而工具理性则是在告诉行政组织"如何去做"以及"如何做好"。对于人类来说，工具理性无疑是必要的，它的存在为现代社会的经济发展带上了快速的轨道，为人类文明的进步奠定了坚实的物质基础和储备。人类社会近现代以来的科学技术进步、工业文明发展和经济繁荣，包括人类生活的便利的提高都得益于理性发展尤其是工具理性发展的推动。然而，它的膨胀也使现时期进入了工具理性主义的时代。也就是为何在一个物质生活水平实现了跨越式的提升的阶段，却屡屡出现环境污染、人伦失常、信任缺失、道德失范。正如哈贝马斯所指出的，工具理性在当代的发展，突出的表现是一切社会实际问题都被纳入科技的体制性框架内而成为技术问题。造成的结果就是用发达的生产力遮盖了发展背后的利益关系的问题，变成了一种与大众相隔离的新的意识形态。工具理性的泛滥让价值理性逐步的弱化在科技迅猛发展的现代社会，尤其是在发达的工业国家里，社会生活被物化了，人类被物所奴役，社会成了"单向度"的社会，人成了"单向度"的人。马尔

▶ 中国行政组织伦理的现代性反思与重建

库塞也说：科学技术的进步将"导致根据数学结构来阐释自然，把现实同一切内在的目的分割开来，从而把真与善、科学与伦理分割开来"。[①] 这种工具理性的泛滥波及了社会上的所有角落，自然包括行政组织，成为一种普遍的意识形态。那么对于行政组织来说，对工具理性的崇拜就体现在对效率的无限制追逐，对价值理念的遗忘，放弃了对人类终极价值的追求，导致社会出现了一系列与科学发展、人的全面发展相背离的现象。正是在一定目的指引下才催动人类在实践过程中对工具的需求和探索，而片面追求工具理性漠视价值理性，只会导致整个社会快速却畸形地发展。西方发达国家试图解构官僚制来拯救现代性的乖张，但现代性所遭遇的官僚制之命运从官僚制本身所遭遇的解构之命运使西方国家重陷价值理性与工具理性难以调和的困境。韦伯指认理性化的现代官僚制必须割断价值理性的脐带才能确定形式主义的客观法则的主宰地位，这与现代资本主义社会的需要是一致的。但是，也有一些西方的学者深窥官僚制的弊端，认为过于理性的官僚制是一个利维坦，把人类置入牢笼。泛滥了的工具理性让理性本身异化了，行政组织失去了其伦理实质的意义，行政组织作为公共行政的主要参与者、执行者，它的价值取向是不能被忽视的。因此我们才更加迫切地呼唤价值理性的归来。

对工具理性的超越与价值理性的回归。工具理性和价值理性是人类社会不可或缺的两个有机组成部分，它们是一个

---

① ［美］马尔库塞：《单向度的人》，张峰译，重庆出版社1988年版，第24页。

## 第五章 现代行政组织伦理建设的重构

整体，而且紧密地结合在一起，不能单独地来看待其中的任何一种理性。在人类社会发展的所有时代，都是工具理性与价值理性的结合的问题，因此不能割裂来看。要扬弃理性的异化主要出发点在于理性的重建，重建的首要步骤便是价值理性的回归。这种回归并不代表要排斥工具理性而走向另一个反面。而是需要反思如何能够在价值理性与技术理性之间保持适当的张力，使得工具理性与价值理性的结合找到既适合历史规律又符合现实发展的现状，同时不能忽略价值目的的合理的平衡点。理性的危机是现代社会各种危机的根源，是其他异化现象的前提与基础。从现代性的原因来看，是因为过度追求效率而忽略了价值目的在实践中的引导。而行政组织不可能放弃对终极价值的追求。这样的探求，是在寻找价值的普遍原则时让理性介入现实社会中。由于行政组织伦理而产生的问题是对人民生活、社会发展、民政关系等产生重大影响。为了不使公共行政偏离基本的轨道，就要针对现在工具理性过于泛滥的状态中，超越其工具理性，恢复其价值理性。人类需要在价值理性的指引中审视现代社会，疏导心灵，反思困境。在行政组织中，体现在对价值理性的重新树立，用价值理性来占领组织的决策、协调与处理关系的全过程。包括组织与社会发展的关系，组织中人与人之间的关系，组织的行为与公众的关系。我们需要认识到理性异化，有意识地去避免理性成为人类全面发展的异己力量。用价值理性之门约束工具理性的泛滥，维护公共利益的实现上保持正义维度与效率维度的有机统一。用更加贴近原本理性的科学性与人文性的统一去现代社会中寻找到属于人自身的满足感和幸福感，从而使行政组织摆脱异化得到健康地发展，让价值理性回归实践生活。在中国，行政组织的价值理性的回归必然要走出符合中国实践的道路。

### 2. 理性的公共性共识

理性的公共性实现是理性重建的另外一个重要的维度。如果说价值理性为理性重建解决的是理性的深度意旨，那么理性的公共性共识为理性的重建完成了区域与人群的广度共识构建基础。我们在这里讨论的公共理性指的是公众在社会公共领域中形成的理性。阿伦特认为，一个人如果不进入公共领域那么就不是一个完整的人。我们在前段也曾经论述过，中国传统社会缺乏公共空间的伦理构建，中国的公共道德建设尚处于不完善和欠成熟的阶段。这个理性，既不是工具理性也不是价值理性，而是公共理性的构建。因此，中国现代行政组织理性的重建的另一个环节一定要从公共性的角度开启。从古至今，对理性的公共性在社会中发挥的作用都是十分重视且十分重要的。随着人类历史的发展，尤其是近代以来市民社会和民族国家的形成，以陌生人为主体并建立联系的现代社会颠覆了传统的血缘关系和毗邻的地域关系为基础的古代共同体，中国更是在近百年中，从熟人社会快速进入了流动性强的陌生人为主体的社会结构状态。因而，公共领域和私人领域都处于不断弱化的过程中。公共领域的弱化吞没了新近才建立起来的亲密关系的领域，带来了价值观念的多元化。私人领域的弱化打破了血缘为关联的密切的传统社会的价值传递与家族权威的消解。公共领域与私人领域的弱化带来的都是在现代社会中形成价值共识的复杂性、层次性和差异性。对于一个行政组织来讲，树立其公共理性的状态是要先从组织中的个人的信仰开始。

组织中的个体对理性的共识。这是我们要达到的一个最基础的目标，也是理性重建的基本前提。理性的公共性共识首先从行政组织的行政人员的群体中开始，这是理性贯彻始终并逐步推广到社会的必备基础条件。行政组织的行为与工作领域主要是针对公共区域的，那么行政组织中的人的公共性理性就显得尤为重要。这种行政组织的个人带来的理性共识就是对公众的权利的信仰，就是对所处的组织的公共权力的认真审视，也是对公共利益的共同维护。简而言之，是对行政组织的伦理实质的内心一致认同，这样才能将价值理性充分持续地体现在行政组织的工作履职的全过程。从事物的推进规律来看，公共性应是一个由内而外、由核心至外延以至全体的过程。其行政组织理性首先在行政组织内部达成共识并在其行政工作过程中贯彻和实施，形成坚固的价值共识。如果内部的人群并没有形成一致的认识，那么必然会形成价值的碰撞与冲击，最终还是会落到矛盾的激发与混乱的场面。可见，行政组织内部的理性公共性的一致认识至关重要。达成这种公共性的理性共识，需要的是政策、制度、行为方式、内心认可的高度统一。其需要用制度和原则去规范引导，需要通过约束与反思不断进行强化。在行政组织中的价值理性的认同得到实现，才会为价值理性的回归奠定基础，理性的重建才能真正实现。

由于组织中的个人的自利性的存在，因此这种对公共利益的一致性的信仰形成与推进过程非常艰难。组织中的个人的对组织本身的价值认同是至关重要的，这一点在全世界各国反腐败的斗争中可见一斑。人始终是带有自利性的，而行

▶ 中国行政组织伦理的现代性反思与重建

政组织中个体的自利性带来的后果便是对公共利益的破坏，也成了腐败的温床。个体的对私利的无限制追逐势必会影响公众对行政组织的认同，行政组织人员的腐败是世界各国的共性问题。公共利益至上隐含了一种价值判断的排序，就是公众的利益的无条件优先原则，组织中的个人的利益永远不能凌驾于公众利益之上，只有建立起这种公共的信仰才能做出正确的行政行为选择。行政组织才能以行廉洁、公正的行政行为为价值理性的回归建立起公共性的第一道关口。行政组织作为创生的伦理实体，行政组织内部的伦理价值统一，是其履行伦理实体责任的必然要求。而正是创生的伦理实体，也存在着偏离伦理价值导向的可能性。

行政组织为社会公众理性建立提供有力的引导与支持。价值理性的回归是依靠理性的公共性共识才能实施和完成的，作为公共领域的行政组织的理性重建也有待于"理性的公共性向度"的发展。这种"理性的公共性向度"不仅意味着在行政组织内部形成对公共利益的统一共识，也不仅要依靠行政组织中这个特定人群的公共性信仰的树立，更重要的是行政组织的公共性信仰形成后带来的后期效应及社会影响。当一个国家的所有公共制度、法则都具有公共性、正当性和合法性的话，那么公众的个体理性即通过行政组织的运行才会建立起社会公众的理性共识。这主要包括行政组织的政策制度等公共产品的制定、执行、运作等各个方面，这些公共产品为社会带来的是一种理性的渗透与彰显，通过其具体的在公共场域的强力的影响为社会的公共理性进行有效的引导。公众的公共理性的形成，对于社会发展方向的理性判断增进能力起到关键的作用，只有借助于现代公共领域的监督和批判，个体理性才能日益形成公共精神，走向公共理性。可以说，缺失了监督与批判的社会就不会带来真正的进步，也一定不能在社会中形成真正公共理性。尤其对于中国来讲，作为人民民主专政的社会主义国家，党的决策和政府的管理也必须通过公共领域的批判来获得，这是现代执政党和政府适应市场经济全球化和自身政治现代化的必然要求。尤其是现行状况下，我国的公共理性的培育处于层次不一、认知水平不同的具体实际状态。加强对公众理性的引导与培育无疑对于中国社会的理性重建有着极其重要且基础性的意义。

在现代性的总体话语框架中，通过马克思对现代性的批判，给我们对于理性的异化带来一个扬弃的基本态度。当一个国家或者民族踏入了现代化进程的门槛，就不可避免也无所逃避地受到现代性的影响。现代性本身带来的问题不是一个主体可以选择和取舍的。对于中国来讲也是面临相同的情况，我们所处的现代化进程中必然会面对现代社会本身由于内在机理的普遍性问题的侵扰。从马克思的立场出发，批判资本社会现代性的激烈和愤怒的同时也不能把它简单地抛弃。我们既然将伦理困境的现象归结为理性的异化，那么就应该在理性地重建中逐步地完成对理性异化的扬弃。价值理性的回归以及理性的公共性共识是理性重建的两个维度，这是我们在现代性的语境中去寻找"治疗"现代性的途径。

## 第二节 行政组织伦理制度原则的确定

理性的重建是行政组织扬弃异化的思想准备与意识前

提，要落实在行政组织改革的具体实际环节中，组织的伦理制度是至关重要的。行政组织的伦理制度就是追问"行政组织制度中的伦理"，即体现行政组织制度本身的伦理性。具体地说，它考察和求证组织的制度中可能蕴含的伦理追求、道德原则、价值判断。任何一项伦理制度都是普遍性意识和合理性意志形式化、稳定化、客观化的中介。制度理论为我们透视现代社会中的行政组织提供了最有前景和创造性的透镜。伦理精神穿行在伦理制度的动态演变中，伦理制度是伦理精神的现实定在，而要通过有关的控制来维系，在这方面要依靠制度化、社会化和社会控制一连串的全部机制来完成。组织通过伦理制度建设，使组织能够真正成为"整个的个体"，成为社会现实生活中真正的伦理实体和道德责任主体。

　　行政组织的伦理制度，就其本质而言，行政组织的伦理制度就是追问行政组织制度中的伦理，即体现组织制度本身的伦理性。正义的伦理价值观念、马克思的人的全面发展都为我们探寻现代性伦理的制度根基提供了极为有效的理论参照。从伦理层面的制度不是去研究具体的制度内容，而是从政治、经济等不同领域、不同层次的制度中抽象出一个"制度"的本体，所研究的不是制度现象的实然情景，也不是制度现象的应然状态，而是制度的根据和理由，即伦理制度的原则。通过对这些原则的执守和坚持，确保组织成为真正意义上的伦理实体及道德主体。我们认为，正义原则保证的是整体组织的价值取向，人本原则保证的是社会的人的个体发展，而合法性的原则包含着行政组织与社会发展的同步与同向。通过构建正义原则、人本原则及合法性原则的伦理制度，进一步规范行政组织公共权力的运行和使用，将尊重公众的权利作为伦理制度的根本，为权利与权力的悖论提供解决的方案。

**1. 伦理制度的公正原则**

如果让公众对伦理制度提供一个主观的判断标准，那么公正一定是其中比较容易得到广泛认可的原则之一。对于一个个体来讲，公正是个体权利的不受侵犯的保证，也是对行政组织的伦理制度的重要判断依据。公正是大多数民主国家追求的主要的价值目标。公正也称为公平、正义，"正义是制度的首要价值，正像真理是思想体系的首要价值一样"。① 对于正义、公正的研究古今中外皆有，比如亚里士多德认为公正是整个德行，杜威也认为公正即德行是应该的行为。在中国的古代，《墨子·天至上》有曰："义者正也。何以知义为正也？天下有义则治，无义则乱。我以此知义为正也。"可见，对于公正的追求有史以来就存在了，虽然社会发展条件的限制并不能真正地达到这个目标，普遍公正只是人类的空想。自进入现代社会以来，以平等、自由为特征的人的关系便是内含着对社会公正的更加强烈的要求。正义是社会制度的首要价值，是行政组织的伦理制度应遵循的首要原则。

公正是社会主义社会价值的应有之义。公正之所以是社会制度的首要价值，因为它"提供了一种在社会的基本制度中分配权利和义务的办法，确定了社会合作的利益和负担的

---

① [美]罗尔斯：《正义论》，何怀宏、何包钢、廖申白译，中国社会科学出版社1988年版，第4页。

▶ 中国行政组织伦理的现代性反思与重建

适当分配"。① 罗尔斯（John Bordley Rawls）认为，正义是制度的首要美德，在他的理论中，正义的制度应当包括平等与自由两个原则，即保证每个人在制度面前具有相同或一致的平等权利，同时制度又要对处于社会不利地位的弱势群体予以倾斜，在两个原则的排序上，前者具有优先性，但必须同时考虑后者在制度中的实际价值，若一个制度不能同时包含两个正义原则的话，制度本身就不可能完善。马克思和恩格斯在1848年出版的《共产党宣言》中的名言："每个人的自由发展是一切人的自由发展的前提②。"马克思和恩格斯把每个人的自由发展看作一切人的自由发展的前提，也就是说，个人的自由发展是优先的，在共产主义社会中，社会公正得到了普遍验证。可以说，社会公正是人类的一个基本政治价值，社会主义应为一个公正的社会，就是政治利益、经济利益和其他利益得到合理分配的社会。尤其我国是社会主义国家，社会正义应是社会主义社会的基本的价值取向。

公正是现代社会中人类的内在需求。我们认识到了现代性给社会带来的改变，身处现代社会的人们也有着不同的特点。上帝死后人类为自身立法，人类的自由平等的意识得到了空前的强化。相比传统社会，现代社会的人们对政治、文化、生活等的渴望越来越多样化，更加注重自身的权利和利益的获取是否有着平等的机会，对行政组织能否提供公正的待遇的期盼和需求更加强烈，人类的平等意识和自由观念强力地推动着行政组织必须不断地完善社会制度的正义原则，

---

① ［美］罗尔斯：《正义论》，何怀宏、何包钢、廖申白译，中国社会科学出版社1988年版，第4页。
② 《马克思恩格斯选集》（第一卷），人民出版社1995年版，第294页。

这是现代社会人类的内在需求。另外，现有的市场经济确立了人们之间的新型的交换关系，促进交换有序与繁荣的重要前提就是交换主体的自由和平等，市场经济的交换实质便是公平正义，如果没有正义的制度，不平等、不自由的交换是畸形和残缺的，这便违背了市场经济的实质。由于市场本身具有自身无法克服的局限就更加需要社会予以补充和完善。因此，现代社会相比以往蕴含更多的对正义的需求，而且也具备了更加成熟的实施的土壤。现代社会中的人们也迫切的需要正义的制度维持人类对自由和平等的渴望，同时能够在现代社会中的市场经济里用正义做到健康、有序的引导。行政组织作为一个国家行政事物的组织，无疑应该为社会提供这种保障。

公正是行政组织的应有使命。行政组织的伦理实质是公众利益至上，它的使命就是维护公众的利益，这个公众是服务对象的全体。只有行政组织才能维护和实现社会公正，行政组织是社会公正实现的主要保障。我国学者王伟主笔的《行政伦理》一书中认为公正的社会程序需要两方面的保障：一是公正的制度，一是公务员的公正品德。而对于公共权力掌握者公正的伦理素质具体而占即要保持勤政与廉政两者的高度统一。仅从中国而言，中国正处于从传统的计划经济体制向市场体制转轨的过程中，市场经济体制的初步确立，为经济与社会发展创造了基本条件。但我们也要看到，市场经济不可能解决我国社会生活中的全部问题，在市场经济体制确立、发展过程中，社会中也出现了分配不公和贫富差距过于悬殊的问题。站在社会公正的立场上对于这些问题进行评估还有待于进一步研究，但毫无疑问，仅仅靠市场力量无法使这些问题得到圆满的解决。市场经济的发展，在客观上需要我们的政府承担起更多的社会责任。而行政伦理为社会公正的供给及其实现提供了价值判断的尺度与伦理的保证。同时，行政组织的伦理思考为行政组织行政责任的实现提供了有效的理论支撑。

### 2. 伦理制度的人本原则

制度设计中的以人为本的原则体现的既是对人的发展的总体把握与认识，同时也是对组织内部个体的承认与尊重。也就是说，是把服务的主体——公众，与工作的主体——组织中的人的发展都能够有机地协调起来。当行政人员服务于国家和社会公共利益时，需要把一种稳定的社会状态与每个人的发展协调起来。在实现这种要求时，则要表达了一个基本条件：每个人都会有发挥、表露和完善自己特殊才能的机会，每一个人都是制度设计应关注的主体，每一个人都是不能被忽略的。以人为本是一个过程，一个不断把外在要求、外在规范转化为人们的内在规定的过程，这个过程正在积极地导向组织的制度伦理目标与原则。

人本原则是对人类社会发展的价值方向的把握。以人为本的首要的表现就是对于人类社会的发展及运行规律的契合与尊重。落实这种原则的整个基础就是：以人类社会发展的正确方向为主要的原则，能够正确地处理人和自然的关系，能够从人类的科学发展可持续发展的角度出发去面对现在的发展问题。落实在制度上，那么就是如何通过制度的规范能够有力地引导社会和公众树立正确的可持续的科学发展观。正确对待人与自然的关系，提高生活水平

## 第五章 现代行政组织伦理建设的重构

和生活质量上达到优化和统一。从中国现阶段的具体实际来讲，科学发展观是中国现阶段引领科学发展的首要的制度和原则。按照科学发展观的要求，应该注意处理中国在发展中的生态环境保护与经济发展的问题，关注区域发展不均衡的问题，关注 GDP 的发展与人的幸福指数之间的关系处理问题。总而言之，以人为本的首要就是从人类发展的根本原则出发，为人的自由全面发展不断地积累和创造条件。即使按照马克思的要求，基础和条件还不成熟，但是要以此为方向努力。制度的人本原则为人类社会的发展合乎规律以及人的需要，行政组织的作用就是按照人本原则将社会的管理向着更健康的方向努力，更是为了人类的未来，按照人性的发展通道前进。

人本原则包含着是对个体的全面发展的保证。行政组织所面对的是社会的公众整体，维护每个人的利益是其职责之所在，这就表示了，其要服务的是全体人民，既不是大多数人更不是少数人。按照马克思的理论，个人的自由全面发展是一切人自由全面发展的前提。这对于组织制度制定的基本伦理原则来说就是要在组织与社会的连接点上，促进人的共同发展，为在组织内部的表征中，承认人的不同与个体差异。在促进人的共同发展方面，对于我国来讲主要是要不断地致力于消除经济发展的差距，实现人的生活水平服务的均等化，这是不断缩小人的享有的物质条件的差异；逐步改进各种不平等的考核体制、评判标准，消除因身份、地域等原因而带来的不同的待遇，这是要不断地消解掉社会中人会遇到的不平等的情况；更重要的是建立起尊重个性、尊重差异的多层次、多元化的对人的评判和评价机制，能够营造出一

▶ 中国行政组织伦理的现代性反思与重建

个人尽其用、各有特色的和谐局面。这是一个长远的目标，必定会是一个较长的时间才能去实现的。不过在每一个特定阶段，都应该在前一阶段的基础上实现进一步的发展，为达到每个人的自由发展创造条件。因此，制度的人本原则就显得尤为重要。

　　人本原则包含着对组织内部个体的伦理自主性的尊重。虽然组织中的个人并不该有多于社会公众的特权，但是同样享有自己私人的权利。在伦理困境的分析中，我们曾经发现身处组织中的个体：一方面由于组织的显性和隐性的影响，其个人的伦理自主性受到限制，组织中的个体为了维护自己的伦理自主性要付出难以承受的代价。另一方面是组织内的规则完全按照标准化和一致化的要求，对组织内个人的工作方式、内容、结果都有着严格的规定，组织内的个人成为一个代理的"工具"。针对这两种情况，以人为本也包括了关注行政组织中的个体的人生价值实现与发展的全面。组织中的不同的个体，在向公众提供服务的过程中可以不必以扭曲道德或者伦理自主权以迎合组织的使命。承认行政组织内部真正的权力是组织里面不同层次的人们所共同拥有的，而不是居于组织金字塔的顶端的人所独有的。增加组织中个体的伦理自主权的范围和区域，给组织内的个人更多的自我裁量的空间，尊重个体的差异性，避免因分工的细化而带来的人的片面和畸形的发展。组织作为一个群体，其有义务为其成员营造宽松和谐的伦理环境，为组织内的个人的发展提供机会和保障。而在一个符合伦理的组织环境中，组织的个体的行为将会更好地合乎道德规范。

### 3. 伦理制度的合法性原则

法治是现代文明的理性选择，也是在漫长的历史过程中形成的公众认可的社会实践。作为一个有说服力、有政治立场的整体系统，应该最终根植于组织的合法性制度之中。对于行政组织来说，公正合理的规则体系和程序结构是不可缺少的。规则体系确立了公务人员管理行为的权力限度和责任限度，程序设计确立了公共管理活动的行为序列。伦理制度的合法性是根植于行政组织的伦理制度之中的。

这里面包含着三个方面的内容：

第一方面是，制度伦理建设以法治为主导，借助于社会上的公众建立起来的对法律的普遍信仰来维护制度权威确保其在社会中的顺利运行，最终达到管理公共事务的目的。制度伦理达到在社会中的普遍化、普适化的意义。制度伦理要达到目标就必须以法治为前提，实现其自身的价值，就必须以法治为基础，如果失去了法治推动的基础与动力，那么制度伦理就失去了实践的意义。利用法治建设来尊重和保护公众的利益，维护社会的公正，促进社会和谐。也就是说，用法治的手段来达到行政组织的建设目标，完成其公众使命。就是在问题就是法制建设如何体现道德建设和道德的要求问题。也就是说如何在这一意义上，制度伦理建设的法治原则要求通过法律制定和法制建设来彰显自身的功能性的作用，达到两者的有机契合。

第二方面是，所有的制度都必须以现有的法律为基础，增强其伦理制度的合法性。这样的伦理制度才更具生命力。这要说明的是，在任何一个法治国家，其法律的权威性是不容置疑的，伦理制度应将合法性作为其原则的基本前提。法治在当今社会代表着社会公正及社会发展的方向，用合法性来保障伦理制度的本身合法性，只有合法性的制度在社会中才会具有实施的价值，才会具有一定阶段的稳定性。

第三方面是，用法治来约束行政组织本身的行为，促进行政组织的规范管理和自我净化。法治在社会中不仅代表公众应该遵守的规定，同时也可以作为监督者来"依法问官"，以法律的权威共同来维护社会和谐。因此，制度不能要求公众强行认可，而且在执行制度的同时也应该严格依照法律。合法性的制度伦理包含的另一个重要意义就是行政组织应该依法执行制度，必须依法接受监督，以此从制度的制定、执行各阶段都以法律来保证制度的合理合法实施。治理一个国家、一个社会，关键是立规矩、讲规矩、守规矩。法律是治国理政最大、最重要的规矩。行政组织是法律实施的重要主体。中共十八届四中全会通过的《中共中央关于全面推进依法治国若干重大问题的决定》明确提出，要"深入推进依法行政，加快建设法治政府"。推进法治政府建设，就是要遵循法治思维、运用法治方式、在法治的轨道上行使各项权力，打造职能有限、行政有为、运转高效的政府。

综上，制度伦理是一种外在的对行为准则的外化，是一种硬约束，这种约束超越了个体情感和主观因素。在行政视域内，制度伦理寻求的是制度与伦理的有机统一与有机结合，主要研究的是如何实现制度的伦理价值，也就是以伦理的审视为制度的制定与实施提供价值依据。另外，主要研究的是如何实现伦理价值在制度中的有效渗透与契合，使得制度能够充分地表达行政组织的价值引导，实现伦理与制度在逻辑上的统一，最终在现实中能够有机结合。应该说，制度伦理是行政组织的伦理精神及价值原则在实践中得以实现的路径选择。

## 第三节　行政组织伦理精神的建构

组织伦理精神是以道德价值统摄实体自我意识和实体自主意志的一种结构性存在。伦理实体的道德精神即伦理精神，在伦理实体的自我意识中确证了自己的普遍性，成为一种现实的普遍，这就是伦理精神所建构的伦理实体的道德世界。对于中国来讲，我们身处现代社会并不意味着与欧美国家现代化完全一致的道路，而是在探索更加适合中国行政组织的伦理精神，在这种伦理精神的建构中，去寻找一种将社会主义与现代性相结合的路径。

### 1. 马克思的共同体精神

共同体的含义。对于共同体，人类有着很多美好的向往与想象。亚里士多德曾经说到所有城邦都是某种共同体。他认为，当一切人都在追求某种共同的善的集体，就可以称为共同体。而城邦作为最大的政治共同体，它包含了一切其他共同体，它的善是至善。共同体中的人们有着共同的目标，并通过共同体来实现这个共同的目标。在19世纪，德国社会学家腾尼斯将人与共同体分割开来，分别指涉人的生活的两种样态及其对立。共同体是一个整体，是构成个人存在的前提和背景性条件。共同体主义者桑德尔和泰勒都认为共同体是构成个人认同及存在意义的基础和前提。也就是说，共

▶ 中国行政组织伦理的现代性反思与重建

同体是构成人存在及其有意义生存的背景性条件和基础，个人就是被镶嵌于共同体之中。尽管共同体主义者主要从共同善和价值维度关注共同体对人的机制和意义，但他们的看法也有合理的地方，即看到了个人的存在、构成及生存意义都离不开共同体本身。

马克思在历史唯物主义的视界，确认了共同体与个人的关系，他认为人只有在共同体中才可能有个人自由。随着马克思对政治经济学的深入研究和唯物史观的形成，成熟的自由人联合体思想以《共产党宣言》标志宣告形成。这一著作系统地阐释了马克思与恩格斯的研究成果，论证了未来社会的真正形态将是一个"自由人联合体"，"代替那存在着阶级和阶级对立的资产阶级旧社会的，将是这样一个联合体，在那里，每个人的自由发展是一切人的自由发展的条件"[①]。因此通过马克思的自由人联合体的定义，可以这样去定义共同体，就是由人所组成的，个体之间相互依存而构成的，有着共同的善和价值的判定标准。共同体为个体的生存与发展提供客观的环境，两者互为和谐的一种稳定状态。

伦理共同体。马克思所论证的共同体是自然演化的结果，是社会发展到一定阶段的产物，在自然形成的共同体中，共同体为个人提供了有形的空间——固定的场域，这个固定的空间为人类生存提供了发展的基础条件。在这样的共同体中，人与人之间的伦理关系与价值取向是在封闭的共同体内自给自足的，这种自然的共同体中融合了人类的生产生活的物质支撑，也呈现和形成了人与人之间的交往、取舍的

---

① 《马克思恩格斯选集》（第一卷），人民出版社1995年版，第294页。

## 第五章 现代行政组织伦理建设的重构

价值体系。因此，共同体有这样三层含义：一是由一个固定的人群组成的；二是身在共同体中的人有着共同的目标与追求；三是通过共同体既能达到个人的目标也践行和发展了共同体的共同的目标。其实，可以这样说，人类共同体就是马克思主义意义上的共产主义社会。"共产主义是私有财产即人的异化的积极扬弃，因而是通过人并且为了人而对人的类本质的真正占有。因此，它是人向自身、向社会的即人的复归，这种复归是完全的、自觉的而且保存了以往发展的全部财富的。它是人和人之间、人和自然之间的矛盾的真正解决，是存在和本质、对象化和自我确证、自由和必然、个体和类之间的斗争的真正解决"。[①]

在马克思的伦理视域中，共同体的发展受特定价值目标的指引。马克思是依照社会历史辩证法的演进形态来说明共同体及人的发展。人的发展逻辑受共同体发展逻辑的规范，没有共同体的发展逻辑就没有人的发展逻辑，马克思共同体的发展逻辑始终贯穿着"人类解放"或人的自由全面发展的最终价值目标。在马克思共同体视界里，自由人联合体是真正共同体形态。然而，我们在短时间内是不可能过渡到共产主义社会的，并不完全具备建设真正的共同体的物质基础。但是我们对行政组织的伦理精神的追求却在一定程度上体现了真正的共同体的价值取向。因此，构建有共同体伦理精神的现代行政组织是我们对马克思理论当代价值的一个重要领域和渠道。

伦理共同体的内涵就体现在这样的两个特点之中：一是

---

[①] 《马克思恩格斯全集》（第四十二卷），人民出版社1979年版，第120页。

共同体内的个人对共同体的价值取向的认可的高度一致。也可以说，个体对共同体的目标、发展路向的主体认同，是在长期的历史沉淀中形成的对于社会发展的基本共识。二是正是人们对社会生活中生成的精神共识奠定了伦理共同体得以发展存续的精神基础，能够继续为共同体内的个人的价值、精神的形成提供营养和土壤。伦理共同体脱离了自然共同体中的血缘的基础，是以共同体内个体的共同的精神追求作为其存在和发展的根本动力。三是伦理共同体所体现的价值取向并不是仅仅体现其中一部分人的利益或者一个集团、阶级的利益，而是全体公众的共同利益。这种对公共利益的追求与实践作为最高宗旨的伦理共同体中亦为共同体内个人的发展和自由提供精神基础。而这正是马克思"真正的共同体"思想的题中应有之义。

　　行政组织的伦理共同体构建。马克思在诠释、批判、建构的语境中揭示了共同体形变的生存论根据，旨在探寻合乎人的目的性生存的理想共同体实现的实践路径。那么伦理共同体思想对行政组织的精神建立有无可取之处？又如何来构筑这种共同体的精神呢？我们从实践的角度来讲，伦理共同体可以为行政组织的伦理精神的构建提供依据。具体说来，共同体伦理精神筑造的主体是行政组织的实体，这个实体是组织与组织中的个体的统一体，这统一体的价值基础以公众需求与社会发展为根本指向。共同体精神映射的是在长期的行政实践中形成的一种组织理念和精神风貌，一旦内化为行政组织的价值观、行为理念后，就会成为其自觉的行动指南。在作为伦理共同体的行政组织里，组织内的个体对作为主体的行政组织所形成的价值取向和伦理精神是对自我存在和自我价值的积极认可,是自己支配自己、自己决定自己的自主性行为及其制度的总和。也就是说,在行政组织之中,公众利益至上的伦理实质既是组织内的个体的共同的价值取向与道德要求,组织内的每个个体的主体性价值认识会聚而成了推动行政组织自身良性发展的集体意识,相应地,伦理共同体的价值取向为个体能够形成这种主体的自觉提供了背景,为个体的自由与发展提供平台。因此,伦理共同体的行政组织为这种解决个体的私人利益与社会的公共利益的弥合提供了可能,为组织这个创生的伦理实体的成为公众利益的代言提供了可能性的基础。

在马克思共同体视界里,"自由人联合体"是在自然共同体、虚幻共同体之后形成的真正共同体的形态。在我们还不能够达到共产主义社会的时候,可以以这种共同体的精神来形成对行政组织的演变,利用马克思的理论成果为形成人类现实历史的运动以及对这种运动的自觉意识,至少要为能达到共产主义的理想状态而做出努力。

### 2. 以人为本的现代价值理念

我们曾经论述过价值理念有其历史性,是在社会中逐步沉淀形成在现代社会中的。价值理念是一个现代价值理念不同于普通的观念,它是高于感性、知性的理性概念,不仅揭示了人类的本质特征,而且还充分反映着近现代重大时代特点,是核心价值理念。价值理念通畅言简意赅,但有丰富的内涵,具有深刻和普遍的意义,因而能引领其他的价值观念,在此意义上,我们可以说,以人为本就是这样的现代价值理念。党的十六届三中全会提出了以人为本这一具有中国特色的现代价值理念，其言近旨远，具有非常丰富的内涵。对我国的行政组织的价值理念构造起着极为重要的导向和指引作用。

以人为本是中国特色的现代价值理念。一般而言，现代价值理念须具备两个要素：一是要体现现代社会的核心价值或根本价值；二是能够统摄其他各主要的价值观念。这就是说，现代价值理念不同于普通的观念，它是高于感性、知性的理性概念，不仅揭示了人类的本质特征，而且还充分反映着近现代重大时代特点，是核心价值理念。价值理念通常言简意赅，但有丰富的内涵，具有深刻和普遍的意义，因而能引领其他的价值观念。在此意义上，我们可以说，以人为本就是这样的现代价值理念。

以人为本，就是以最广大人民的根本利益为本。坚持以人为本，就是要把人民群众的利益放在第一位，始终把实现好、维护好、发展好最广大人民群众的根本利益作为党和国家一切工作的根本的出发点和落脚点。以人为本价值理念的提出，其言近旨远，具有极为丰富的内涵。

首先，以人为本理念是对中国传统文化相关思想的传承与表达。"深入挖掘和阐发中华优秀传统文化讲仁爱、重民本、守诚信、崇正义、尚和合、求大同的时代价值，使中华优秀传统文化成为涵养社会主义核心价值观的重要源泉"。[①] 中国自先秦以来，便有浓厚的"民本"思想，《书经》上曰："民惟邦本，本固邦宁。"孟子说："民为贵，社稷次之，君为

---

① 习近平：《习近平在中共中央政治局第十三次集体学习时强调把培育和弘扬社会主义核心价值观作为凝魂聚气强基固本的基础工程》，http://www.gov.cn/ldhd/2014-02/25/content_2621669.htm。

轻。"(《孟子·尽天下》)此后，历代不少开明君主也意识到"民"如同水，水能载舟，亦能覆舟，百姓的存在与力量是根本，千万不能轻视或忽视。当然，传统的"民本"思想有历史局限性，主要是立足于封建统治者的立场，很大程度是为维护统治者的利益和政权而提出的。

中国历史上也有突破封建统治者"民本"的"人本"思想，如把人视为与天地并存之才，"天地之性人为贵"，(《孝经》)人可以"赞天地之化育"，与天地"相参"，沧海桑田之改变，万物之变迁，生命之繁衍，或多或少都是与人类的实践活动分不开的，此类思想已经初具认为根本的雏形。当然，中国历史上的人本思想很大程度上是偏重道德人本主义，尤其是以儒家为代表，把修身养性、人伦规范关系作为人之为人的根本，因而有相当的缺陷。然而，不管怎样，传统的"民本""人本"等思想观念，无疑都是今天以人为本价值理念的本土重要思想之渊源。

其次，以人为本理念是对中国现实社会的观照和本质要求。黑格尔曾指出：现实是通过反思获得普遍的合理性的实存。以人为本理念的提出，正是对中华人民共和国成立以来我国社会主义建设历程正反两方面经验的深刻反思所获得的具普遍性认识的合理结果。搞社会主义是为什么？还不是为人民大众谋幸福。因此，党和政府坚定不移地以全体人民群众的切身利益和民生需求为根本任务，率领大家努力去创造满足不断增长的物质文化需要的社会基础和条件，不仅注重老百姓当下物质条件的改善，生活质量的提高，精神文化的丰富，而且还将经济、政治、文化、社会、生态等诸多方面全面协调可持续的发展作为以人为本的应有之义。党的十八

▶ 中国行政组织伦理的现代性反思与重建

大以来，党中央从坚持和发展中国特色社会主义全局出发，提出并形成了全面建成小康社会、全面深化改革、全面依法治国、全面从严治党的"四个全面"战略布局。"四个全面"有着紧密的内在逻辑，其宗旨在于进一步解放思想、解放和发展社会生产力、解放和增强社会活力。其核心在于以人为本，不断满足人的全面需求、促进人的全面发展，为民造福。可以说，以人为本理念是我国社会主义建设最现实的根本要求，也是检验党和政府执政活动的最高标准。

最后，以人为本是集现代性的本质规定和人类社会最高价值诉求为一体的价值理念。现代性的一个本质特征是高度重视人的内在价值和人的本质，人之所以为人，是因为人具有内在价值，人是人的最高目的，人有人的尊严，人与人之间是人格平等的。人的尊严和价值任何时候都不能随意侵犯和予以伤害，民生、民主说到底就是为了体现和维护人的价值，使人活得更有尊严，使人的基本权利得到充分的保障和完整的实现。显然，以人为本理念必定蕴含着这些本质规定，而且只有这样的本质规定才具有核心的统摄的强大功能。由此可见，以人为本理念具有普适的性质，它不仅承继着中国传统"民本""人本"的思想内涵，而且还吸收、融涵了西方近现代"人本主义"的合理思想内涵，但是，以人为本价值理念又不能简单地等同于西方社会的"人本主义"，其关键点在于，西方的"人本主义"价值观念处于资本主义制度中，与"个人主义""自由主义"等核心价值交缠在一起，摆脱不了金钱物质的依赖性，因而会出现偏差，走上邪路。而我们国家是以马克思主义为指导思想，把人的最高目的，人的价值尊严用马克思主义"每个人的自由全面发展"

## 第五章 现代行政组织伦理建设的重构

"一切人的自由全面发展"的最高价值诉求做更深刻的诠释，把实现共产主义的社会形态和所有人的自由全面发展作为以人为本的本质内涵与理想目标，从而在根本上与西方的"人本主义"价值追求做出了性质上的划分和区别，并有所超越。

由此可见，以人为本虽然只有短短的四个字，其内涵却无比丰富和深刻，确实堪称现代价值理念，而且它是以中国人独特的文化语言方式进行的表述，因而是颇具中国特色的现代价值理念。

行政组织以人为本的价值理念，其精神层面的重大功能主要体现在这几个方面。

第一，以人为本的价值理念可以视为我们国家新时期的国家精神，一个国家，作为人民群众基本权利得以享有和保障的伦理实体，一定需要有内在的主导价值信念，并且将这种主导价值信念渗透、转化为国家行政的职能。也就是行政组织在职能中充分体现以人为本的价值理念。中国共产党在成立之初，就矢志于解放全国的劳苦大众，使他们翻身做主人。中华人民共和国成立后，全心全意为人民服务一直成为党和政府工作的根本宗旨与职责，但在此后的不同历史阶段，服务和工作的侧重点内容与程度产生差异甚至曲折，这与对为人民服务的内涵的认识深浅、偏全有关。党的十六届三中全会以来明确提出以人为本的价值理念，就是对人民服务意识在新时期的深化和提升，党的十八大的召开，更是把经济、政治、文化、社会、生态文明"五位一体"的全面建设作为新时期的任务，一方面丰富了以人为本理念具体的本质内涵，另一方面也充分展现了贯彻以人为本主导价值信念的精神实质。

第二,以人为本的理念是从根本上规定了我国人民的权利、责任和义务。作为共和国的公民,我们每个人都有追求、享有自己具体生活目标的合法权利,也有完善自身、充实自身、升华自己精神境界的必要。与此同时,每个人还应当为他人、为社会、为国家奉献自己的心力,承担起相应的责任与生活义务,在尽职尽责的工作、日常生活与人际交往中真正体现人之为人的内在价值和社会价值。在此意义上,以人为本价值理念不只是国家精神,也可以说是人民的精神,也应该转化为每个人的内在信念和行为准则,在人们各自的生命活动中充分体现。

第三,体现国家的精神与人民的精神的价值理念一定是行政组织伦理精神的规定与指向。行政组织的伦理使命是公共利益的体现,实现全体人民的利益诉求、体现社会主义国家的国家精神是我国行政组织的权利、义务与责任。行政组织作为行使国家行政权力、管理国家行政事务和社会公共事务的机构体系,是国家精神渗透、传扬的主渠道,是人民群众权利保护和实现的重要载体。行政组织的伦理精神合乎人民及社会的道德标准和规范以及人民意志性,是行政组织的道德责任和政治责任重点要求。

综上,以人为本作为行政组织的现代价值理念,在一定意义上,它是与社会主义核心价值体系内含的民族性、现代性、包容性、规范性等具有高度的契合。它既传承中国传统文化的"民本"思想,蕴含近现代西方人本主义的合理内涵,深涉人的本质意蕴,同时也深刻昭示了马克思主义社会发展的最高价值诉求与理想目标。可以说,以人为本是集民族性、现代性、现实性、本质性与理想性为一体的价值理念。行政组织将以人为本作为组织的伦理精神，需要行政组织在制度体系建设、制度执行、发展观念等方面真正赋予其"以人为本"的丰富内涵。

### 3. 社会主义核心价值观

党的十六届六中全会提出了社会主义核心价值体系的构想和内容：马克思主义指导思想、中国特色社会主义理论和共同理想、爱国主义为核心的民族精神和改革创新为核心的时代精神、八荣八耻。从指导思想、社会发展方向、精神世界的动力以及基本的道德品质与规范准则等诸方面，展现了社会主义核心价值体系的基本形态。当代中国是一个社会主义大国，须臾离不开社会主义的价值观念社会主义核心价值体系是社会主义中国的精神旗帜。我们党明确提出建设社会主义核心价值体系，鲜明地展现出社会主义中国的精神旗帜，就是要昭示我国社会主义意识形态的核心部位是不能动摇的，进一步揭示和确立了我国社会主义意识形态、价值体系的基石和支柱。

党的十八大提出的社会主义核心价值观包含"国家、社会、个人"三个层面的倡导，是马克思主义与社会主义现代化建设相结合的产物，与中国特色社会主义发展要求相契合，与中华优秀传统文化和人类文明优秀成果相承接，是我们党凝聚全党全社会价值共识做出的重要论断。"一个民族的文明进步，一个国家的发展壮大，需要一代又一代人接力努力，需要很多力量来推动，核心价值观是其中最持久、最深沉的力量"。社会主义核心价值观从指导思想、社会发展方向、精神世界的动力以及基本的道德品质与规范准则诸方面，展现了社会主义核心价值体系的基本形态。

社会主义核心价值观是传统优秀文化基因的继承与创新。牢固的核心价值观，都有其固有的根本。作为具有五千年悠久、深厚历史文化传统的中华民族，不仅注重现实社会的实情与实践，还必须传承优秀传统文化的精辟与民族精神，将之与现时代的精神相融贯，才可能真正成为符合中国国情的有引领作用的核心价值体系。价值观属于社会意识范畴，是一个国家、一个民族的文化积淀与思想结晶，凝结了文化的厚度与思想的高度。社会主义核心价值观是现阶段中国特色社会主义事业发展的思想引领和道德导向，充分体现了对传统优秀文化基因的继承性与创新性。社会主义核心价值观的继承性主要体现在对国内外优秀文化基因的传承。社会主义核心价值观既根植于中华优秀传统文化的土壤，汲取了我国传统文化的思想精华和道德精髓，深入地挖掘了中华传统文化"讲仁爱、重民本、守诚信、崇正义、求大同的时代价值"，同时积极吸收借鉴了人类文明创造的有益成果，以更加开放的姿态将利于我国文化建设的有益经验和世界经验有机地吸纳其中，将中国的发展融入了世界的现代化发展轨道。社会主义核心价值观的创新性主要体现坚持了"继承发展"的方针，结合时代特点和时代要求加以创造性转化，紧紧贴近中国的现代化发展进程，呈现了与时俱进的时代特色。

社会主义核心价值观是马克思主义理论与中国特色发展实践密切结合的历史过程。社会主义核心价值观的构成是有一个探索、思考，逐渐形成的历史过程的，它不是凭主观意

## 第五章 现代行政组织伦理建设的重构

念产生，也不可能一蹴而就。自中国共产党成立之日，马克思主义便成为党领导人民推翻旧世界、建设新中国的重大思想武器，但是，马克思主义基本原理只有与中国的国情、实践活动密切结合，才可能真正成为有效的锐利思想武器。毛泽东思想就是马克思主义中国化的典范，在毛泽东思想的指引下，中国共产党领导全国人民开辟了一条中国特色的道路，以农村包围城市，武装夺取政权，建立起崭新的社会主义国家。中国特色社会主义理论也是如此，它是在总结中华人民共和国成立以来社会主义建设正反两方面的经验教训，尤其是在改革开放以来前所未有的实践探索基础之上，创造性地运用马克思主义理论逐渐形成和发展的在构建社会主义核心价值体系的过程中，社会主义核心价值观的建构，本身就是一个马克思主义理论与中国特色发展实践密切结合的开创性、开放性的历史过程。社会主义核心价值观根植社会主义社会这一目标发展过程的内在要求、科学原则和价值诉求，反映了社会实践发展的深层逻辑，丰富了马克思主义发展观，凝结了当代中国发展的基本规律。

社会主义核心价值观是历史与逻辑的统一建构。社会主义核心价值观要能深入人心，还必须在理论逻辑上不断加以严整和完善，使之更具理论的说服力。在坚持马克思主义指导思想的前提下，党的十八大报告强调了推进马克思主义中国化时代化大众化的必要，突出了马克思主义原理与中国特色社会主义理论内在的紧密逻辑关系，换言之，中国特色社会主义理论正是马克思主义中国化时代化与走向大众化的丰硕成果。这既表明马克思主义指导思想与中国特色社会主义理论的一致性，也充分体现了马克思主义与时俱进的品格特征和强大生命力。在重申和弘扬民族精神、时代精神方面，党的十八大报告同时强调了爱国主义、集体主义、社会主义的核心价值教育，鲜明地把握了中国优秀文化传统、当代中国社会特色以及未来社会发展的方向。在国家层面倡导富强、民主、文明、和谐的价值观，这些事与我国新时期的经济、政治、精神、社会建设领域相关的重要指导性观念，使人民对社会发展方向有更清晰、具体的认识；在社会层面倡导自由、平等、公正、法治等价值观念，表达了现代社会具普适性的观念，表明这些不是资本主义的专利，社会主义社会也需要依据国情贯彻这些价值观，这就使我们的价值观更具辐射性和影响力；在个人层面倡导爱国、敬业、诚信、友善的价值观念，把个人的安身立命与国家的、社会的、职业的、人际关系的规范准则有机结合起来，从而更富有实践指导意义。

当然，以人为本这一价值理念不能简单地等同于核心价值观，更不可能完全涵盖核心价值观的所有内容，因为它毕竟是一个高度概括抽象的理性概念，虽然具有深刻的本质内涵，还是需要有更多的内容去丰富、充实、加强和展现。社会主义核心价值观则有更具体和丰富的内容，覆盖了国家、社会、个人价值观的各个层面，明示了社会发展的根本方向。就两者关系而言，以人为本价值理念可以被看作社会主义核心价值观的内核与轴心，社会主义核心价值观的所有内容都是反映、表达这一价值理念本质内涵的具体展开、加强和充实，都是围绕这一轴心从社会发展方向、精神动力、经济体制、政治制度、社会治理等方面而展现的。就此意义可以说两者本质上是一致的。当然，两者在形式上存在差异，在某种性质上也有差别，就如前面所说的，以人为本价值理念是国家精神和人民精神的统一体，而社会主义核心价值观则更具意识形态色彩。正因为这样，在两者高度契合的基础上，可以发挥各自的特点而互为解读，实现互补。培育和践行核心价值观，人民群众是主体。在坚持以人为本中提升价值认同，社会主义核心价值观就会更具凝聚力、说服力和强大的生命力，更深入人心。以核心价值观的弘扬促进人的全面发展，我们所倡导的价值理念就有了最深厚、最长久的生命力，我们就一定能描绘出这个时代最美丽的心灵图景，我们的中华民族伟大复兴中国梦一定能够实现。

社会主义核心价值观代表了中国先进文化的前进方向。社会主义核心价值体系的构成是有一个探索、思考、逐渐形成的历史过程的，它不是凭主观意念产生，也不可能一蹴而就。实践证明，马克思主义基本原理只有与中国的国情、实践活动密切结合，才可能真正成为有效的锐利思想武器在构建社会主义核心价值体系的过程中，作为具有五千年悠久、深厚历史文化传统的中华民族，不仅注重现实社会的实情与实践，还必须传承优秀传统文化的精粹与民族精神，将之与现时代的精神相融贯，才可能真正成为符合中国国情的有引领作用的核心价值体系。毫无疑问，社会主义核心价值体系的建构，本身就是一个开创性、开放性的历史过程。

在坚持马克思主义指导思想的前提下，党的十八大报告强调了推进马克思主义中国化时代化大众化的必要，突出了马克思主义原理与中国特色社会主义理论内在的紧密逻辑关系，换言之，中国特色社会主义理论正是马克思主义中国化时代化与走向大众化的丰硕成果。这既表明马克思主义指导思想与中国特色社会主义理论的一致性，也充分体现了马克思主义与时俱进的品格特征和强大生命力。在重申和弘扬民族精神、时代精神方面，党的十八大报告同时强调了爱国主义、集体主义、社会主义的核心价值教育，鲜明地把握了中国优秀文化传统、当代中国社会特色以及未来社会发展的方向。

社会主义核心价值观重在贯彻与践履。此次关于社会主义核心价值体系的内容中增添了更为具体的不同层面的价值观念，总括而言，党的十八大报告关于社会主义核心价值体系的表述更具有民族性、现代性、包容性、规范性和开放性。

社会主义核心价值体系要能深入人心，须在理论逻辑上不断加以严整和完善，更需要在实践上贯彻与践履，使之更具理论与事实的强大说服力。在党的十八大过后的一段时间里，在全国范围内通过各种途径广泛、有效地予以了宣传教育。然而在这里必须引起注意的是，学习与宣传是为了让社会主义核心价值观为广大人民群众理解、认可和接受，进而转化成为人们内在的信念和行为准则，自觉地加以贯彻和践履。行政组织就是践行社会主义核心价值观的重要主体之一，它不仅承担着将价值观内化为自身伦理精神的任务，同时也要将价值观更为广泛地为人民所接受、实践创造条件和载体。国家层面、社会层面、个人层面的价值观均需要具体地得以呈现和深化。

行政组织应找到贯彻社会主义核心价值观的结合点。社会主义核心价值观分三个层面进行了较为详细的论述，如在国家层面倡导富强、民主、文明、和谐的价值观，这些是与

## 第五章 现代行政组织伦理建设的重构

我国新时期经济、政治、精神、社会建设领域相关的重要指导性观念，使人们对社会发展方向有更清晰、具体的认识；在社会层面倡导自由、平等、公正、法治等价值观念，表达了现代社会具普适性的观念，表明这些不是资本主义的专利，社会主义社会也需要依据国情贯彻这些价值观，这就使得我们的价值体系更具辐射性和影响力；在个人层面倡导爱国、敬业、诚信、友善的价值观念，把个人的安身立命与国家的、社会的、职业的、人际关系的规范准则有机结合起来，从而更富有实践指导意义。社会主义核心价值观的凝练和概括不是一次完成的，它也在逐步地完善和深化的过程中，这也一定是一个较为长期的历史过程。对于行政组织来说，应结合社会主义核心价值观在其具体实际中进行创造化和具体化。

社会主义核心价值体系是不同层次、各个方面、全方位、完整的理论建构。行政组织应将国家、社会、个人三个层面的价值观有机融合起来，找准自身的定位，为社会主义核心价值观在中国的实践与发展发挥应有作用。从根本上讲，国家层面的价值观的实现需要行政组织在行政管理行为的载体中得以体现和贯彻；对于个人层面的价值观的实现要求行政组织在行政时必须主动回应并积极采取行动促进公众的价值实现的需求，并为之塑造价值观解读和内化的相契合的社会环境；对于社会层面的价值观要求同时也是对于行政组织行政行为的具体要求。应该说，每一个层面的价值观与行政组织都是密不可分的。行政组织应该积极履行其义务和职责，承担起道德、政治、行政、法律的责任，在社会主义核心价值观的建设与实现的过程中全面审视行政过程中的多重责任，形成内在的约束机制，使社会主义核心价值观及其规范体系尽可能达到广泛的社会认同和可接受性。

## 4. 共同体精神、以人为本价值理念与社会主义核心价值观的有机统一

综上所述，行政组织的伦理精神应该是伦理共同体精神、以人为本的价值理念及社会主义核心价值观的有机统一，这三者彼此之间并不是完全独立的。只有理解了三者之间的有机统一才能在行政组织伦理精神的建设中起到有效的指导作用。要深刻理解这样丰富而复杂的价值体系，就必须对这三者的关系进行分实质上的分析与理解，厘清关系从而才能指导具体的实践。

首先，以人为本的价值理念与社会主义核心价值观是高度契合的。社会主义核心价值体系始终以马克思主义为指导思想，强调中国特色的社会主义理论与实践，从根本上讲就是脚踏实地为广大人民群众谋幸福，努力追求人的自由全面发展的最高价值，实现共产主义的理想社会。这与以人为本理念在本质精神上是完全吻合的。社会主义核心价值体系弘扬民族精神，充分吸纳传统文化中的精髓，高度重视当代中国的现实与特色，倡导、发扬改革创新的时代精神。这与以人为本理念继承优秀传统文化，关注社会现实，紧跟时代步伐的精神实质也是高度一致的。社会主义核心价值体系倡导富强、民主、文明、和谐、自由、平等、公正、法治等价值观念，归根结底是为了实现人的价值、尊严，使每个人得到自由全面的发展。它倡导的爱国、敬业、诚信等道德品质是为人处世的根本，也是人们自由全面发展的必需。这些都与

以人为本理念内含的国家精神，人们安身立命的本质要求是深切相洽的。就两者关系而言，以人为本价值理念可以被看作社会主义核心价值体系的内核与轴心，社会主义核心价值体系的所有内容都是反映、表达这一价值理念本质内涵的具体展开、加强和充实，都是围绕这一轴心从社会发展方向、精神动力、经济体制、政治制度、社会治理等方面而展现的。就此意义可以说两者本质上是一致的。当然，两者在形式上存在差异，在某种性质上也有差别，就如前面所说的，以人为本价值理念是国家精神和人民精神的统一体，而社会主义核心价值体系则是更具意识形态色彩。正因为这样，在两者高度契合的基础上，可以发挥各自的特点而互为解读，实现互补，构筑"重叠共识"。

社会主义核心价值观是不同层次、各个方面、全方位、完整的理论建构。如何才能使这样丰富而复杂的价值观更具高度的吸引力和凝聚力？怎样才更容易使之成为现实社会多元价值引领性的价值或"重叠共识"？需要一个更为基础性根本性的价值理念作为整个核心价值观的内核，这个内核一方面可以使价值观诸要素内涵都辐辏其间，其提纲挈领的关键作用；另外也易于与广大人群、社会乃至国际进行沟通、对话并使社会主义核心价值观为人们理解或乐于接纳。以人为本作为现代价值理念，也许就可以承担这样的内核功能。以人为本言简意赅，具有高度的概括性与远瞻性。它形似通俗，实质寓意深刻，有非常丰富的内涵。可以说，以人为本现代价值理念丰富深刻的内涵若被揭示和解读，较容易成为多种合理价值认识公认或接纳的价值理念。在一定意义上，它与社会主义核心价值观内含的理想性、民族性、现代性、规范性等方面具有高度的契合。

以人为本价值理念与社会主义核心价值观的理想性契合。以人为本的价值理念，内嵌于中国特色社会主义价值观念，与社会主义核心价值观具有共产主义理想的同质性。社会主义核心价值观始终以马克思主义为指导思想，强调中国特色的社会主义理论与实践，从根本上讲就是脚踏实地为广大人民群众谋幸福，努力追求人的自由全面发展的最高价值，实现共产主义的理想社会，这与以人为本理念在本质精神上是完全吻合的。中国共产党在成立之始，就矢志于解放全国的劳苦大众，使他们翻身做主人。中华人民共和国成立后，全心全意为人民服务一直成为党和政府工作的根本宗旨和职责，但在此后的不同历史阶段，服务和工作的侧重内容与程度产生差异甚至曲折，这与对为人民服务的内涵的认识深浅、偏全有关。从历史的发展来看，以人为本是我国政府完善自身行为模式的既定方针，其真实性与理性体现在"为人民服务"根本宗旨的制度性回归。党的十六届三中全会以来明确提出以人为本价值理念，就是对为人民服务意识在新时期的深化和提升，党的十八大的召开，更是把经济、政治、文化、社会、生态文明"五位一体"的全面建设作为新时期的任务，一方面丰富了以人为本理念具体的本质内涵，另一方面也充分展现了贯彻以人为本主导价值信念的精神实质。可以说，社会主义社会的建设的核心在于以人为本，不断满足人的全面需求、促进人的全面发展，为民造福。

以人为本价值理念与社会主义核心价值观的民族性的契合。一个大国的复兴与崛起，需要思想引领。思想并非凭空而来，更不能简单移植而来。凭空而来会没有根基，

第五章 现代行政组织伦理建设的重构 ◀

简单移植更会水土不服。如前文所述，以人为本价值理念与社会主义核心价值观都深深扎根于中国传统文化相关思想，汲取中国传统文化的营养，并在此基础上进行了创造性的继承。以人为本价值理念传承中国传统文化的"民本"思想，蕴含近现代西方人本主义的合理内涵，深涉人的本质意蕴，昭示了马克思主义社会发展的最高价值诉求与理想目标。社会主义核心价值观弘扬民族精神，充分吸纳传统文化中的精髓，高度重视当代中国的现实与特色，倡导、发扬改革创新的时代精神。这与以人为本理念承继优秀传统文化，关注社会现实，紧跟时代步伐的精神实质相同。传统文化也只有经过现代文明的洗礼才会以更加良性的方式传递下去。以人为本价值理念与社会主义核心价值观对中华民族优秀传统文化的创造性继承，彰显了两者高度一致的开放的民族性。

以人为本价值理念与社会主义核心价值观的现代性契合。与传统社会所不同的，现代社会更加重视个体对自身权利的追求与自身的价值诉求。以人为本理念是从根本上规定了我国人民（公民）的权利、责任和义务。作为共和国的公民，我们每个人都有追求、享有自己具体生活目标和合法权利，也有完善自身、充实自身、升华自己精神境界的必要。与此同时，每个人还应当为他人、为社会、为国家奉献自己的心力，承担起相应的责任与义务，在尽职尽责的工作、日常生活与人际交往中真正体现人之为人的内在价值和社会价值。在此意义上，以人为本价值理念不只是国家精神，也可以说是人民的精神，也应该转化为每个人的内在信念和行为准则，在人们各自的生命活动中充分展现。社会主义核心价值观倡导富强、民主、文明、和谐、自由、平等、公正、法治等价值观念，归根结底是为了实现人的价值、人的尊严，使每个人得到自由全面的发展。它倡导的爱国、敬业、诚信等道德品质是为人处世的根本，也是人们自由全面发展的必需。这些都与以人为本理念内含的国家精神，人们安身立命的本质要求是深切相洽的，两者内涵有着明显共同的现代性特征。

以人为本价值理念与社会主义核心价值观的规范性契合。一个国家，作为人民群众基本权利得以享有和保障的伦理实体，一定需要有内在的主导价值信念，并且将这种主导价值信念通过规范性的途径与渠道，渗透、转化为国家行政的职能和人民自觉的行动规范。特别是党的十八届三中、四中全会以来，近几年中国政府推进了"权力清单"公布，界定了权力的边界。从"为人民服务"的宗旨到政府"以人为本"的主张，这表明我国政府已经将尊重人民意志、保护人民权利作为整个制度建设的起点，把人民的利益作为一切工作的出发点和落脚点，在行为模式的确定和制度体系的建设上予以了充分体现。自倡导社会主义核心价值观以来，通过各种途径广泛、有效地予以宣传教育，为广大人民群众理解、认可与接受。可以说，社会主义核心价值观不仅是一种道德倡导，在培育的过程中更需要将其内化为国家、社会和人民自身的行为准则和规范，进而转化为公民内在的信念和品格，自觉地加以贯彻和践履。以人为本价值理念与社会主义核心价值观都内含着对社会和国家、人民的"规范性"的倡导，这在理论建设上有一个不断深化、充实的过程，在不同层面的践履上也有一个更加深化和全面加强、完善的过程。

其次，伦理共同体精神为以人为本价值理念及社会主义

第五章 现代行政组织伦理建设的重构

核心价值观在行政组织内形成共识搭建组织的保障和基础。从组织伦理的角度来看，组织是内含角色差别的共体，是一个集合性的存在。因此组织不仅是一个是实体性的存在，也是一个个体性的存在。在一个有机联合的组织里，主要要处理好组织与社会、个体成员与组织的整体，普遍与特殊的关系。"组织作为一种完成各种目标的机制，也是导致现实生活诸多困境的缘起"①，在行政组织中，尤其是要从组织的角度去看待组织对于组织中的个人的道德制约与影响，组织中的责任主体的追究与论证。在对行政组织伦理的研究中，除了其行政组织本身的特殊性之外，其组织的伦理特性也是不容忽视的。共同体精神就立足于组织伦理的角度，在行政组织的伦理精神的筑造中形成一个整体的空间。在这个空间里，行政组织形成了一个"整个的整体"，为以人为本的价值理念及社会主义核心价值观在组织内的内化奠定了可形成的保障。

因此，以人为本价值理念是社会主义核心价值观的基础性根本性的价值理念作为整个核心价值体系的内核，这个内核一方面可以使价值体系诸要素内涵都辐辏其间，起提纲挈领的关键作用；另一方面也易于与广大人群、社会乃至国际进行沟通、对话并使社会主义核心价值体系为人们理解或接纳。社会主义核心价值体系是一个复杂的较严整的价值体系，有更具体和丰富的内容，覆盖了社会主义建设的方方面面，明示了社会发展的根本方向。以人为本的价值理念与社

---

① ［美］W. 理查德·斯格特：《组织理论》，黄洋等译，华夏出版社2002年版，第6页。

会主义核心价值观是统一的，形成了行政组织伦理精神的深度，共同体精神形成了行政组织伦理精神的广度，三者的有机统一，才能构筑更具高度的吸引力和凝聚力的组织的伦理精神。

中国的现代行政组织的发展，既要面对官僚制发展不足的问题，也要面对中国现代化进程不断深入的现状，该与中国特色社会主义制度相契合，也应与中国的优秀传统文化相融入。在面对中国的行政组织发展的问题的眼光，既不能盲目地崇拜西方的经验和做法，同时又要积极汲取人类文明的一切成果；既要重视历史经验的总结、规避重陷历史的错误，又要在实践中发展马克思主义，以与时俱进的理论品格摒弃教条主义和不能自主的盲从心理；既要将中国的传统和现代进行理性和实事求是的区分，同时又要将中国人几千年来积累的知识智慧和理想思辨在现代的语境中得以发扬光大，为当代的发展服务。现代行政组织伦理的困境的建设与思考是面对所有的行政组织的，在现代社会中，对行政组织的伦理但是其伦理困境又是社会中的公众都在共同感受的。中国，对行政组织伦理的研究还处于方兴未艾的状态，我们希望能够探析行政组织伦理困境的根源，为社会主义国家的行政组织在现代社会的有效运行及健康发展做出努力。从组织和伦理的角度去透视行政组织，用价值的规定去衡量现阶段的行政行为，用分析的结果来反思我国现在的行政组织伦理的建设，立足于构建一个充满了伦理精神和正义、人本和合法化的制度体系的社会主义的行政组织，为现代社会的理性在世界范围内的重建，做出社会主义行政组织的应有姿态，为行政组织伦理的研究与实践奠定基础，做出示范。

# 参考文献

1. ［德］哈贝马斯：《现代性的地平线》（中译本），李安东、段怀清译，上海人民出版社1997年版。
2. ［德］黑格尔：《法哲学原理》，范扬、张企泰译，商务印书馆1961年版。
3. ［德］黑格尔：《逻辑学》（下卷），杨一之译，商务印书馆1976年版。
4. ［德］黑格尔：《精神现象学》（下卷），贺麟、王玖兴译，商务印书馆1979年版。
5. ［德］康德：《历史理性批判》，何兆武译，商务印书馆1996年版。
6. ［德］洛克：《政府论》（下篇），叶启芳、翟菊农译，商务印书馆1964年版。
7. ［德］马克斯·霍克海默、西奥多·阿道尔诺：《启蒙的辩证法》，渠敬东、曹卫东译，重庆出版社1990年版。
8. ［德］马克斯·韦伯：《社会学文选》，牛津大学出版社1946年版。
9. ［德］马克斯·韦伯：《新教伦理与资本主义精神》，于晓、陈维纲译，生活·读书·新知三联书店1987年版。

10. ［德］马克斯·韦伯:《经济与社会》（上），林荣远译，商务印书馆1998年版。

11. ［德］马克斯·韦伯:《学术与政治》，冯克利译，生活·读书·新知三联书店1998年版。

12. ［法］笛卡儿:《哲学原理》，关文运译，商务印书馆1958年版。

13. ［法］卢梭:《社会契约论》，何兆武译，商务印书馆1980年版。

14. ［法］孟德斯鸠:《论法的精神》（上），张雁深译，商务印书馆1995年版。

15. ［美］W. 理查德·斯格特:《组织理论》，黄洋等译，华夏出版社2002年版。

16. ［美］阿尔文·托夫勒:《第三次浪潮》，黄明坚译，中信出版社2006年版。

17. ［美］巴纳德:《经理人员的职能》，孙耀君等译，中国社会科学出版社1997年版。

18. ［美］大卫·雷·格里芬:《后现代精神》，王成兵译，中央编译出版社1998年版。

19. ［美］丹尼尔·贝尔:《资本主义文化矛盾》，赵一凡等译，生活·读书·新知三联书店1989年版。

20. ［美］盖伊·彼得斯:《政府未来的治理模式》，吴爱明、夏宏图译，中国人民大学出版社2001年版。

21. ［美］格林佛·斯塔林:《公共管理部门》，陈宪译，上海译文出版社2003年第1版。

22. ［美］汉娜·阿伦特:《精神生活·思维》，姜志辉译，江苏教育出版社2006年版。

23. ［美］加布里埃尔·阿尔蒙德、宾厄姆·鲍威尔：《比较政治学——体系、过程和政策》，曹沛霖等译，上海译文出版社 1987 年版。

24. ［美］罗尔斯：《正义论》，何怀宏、何包钢、廖申白译，中国社会科学出版社 1988 年版。

25. ［美］马尔库塞：《现代文明与人的困境》，李小兵等译，生活·读书·新知三联书店 1987 年版。

26. ［美］马尔库塞：《单向度的人》，张峰译，重庆出版社 1988 年版。

27. ［美］迈克尔·罗斯金等：《政治学》，林震等译，华夏出版社 2002 年版。

28. ［美］麦金太尔：《德性之后》，龚群等译，中国社会科学出版社 1995 年版。

29. ［美］诺齐克：《无政府、国家与乌托邦》，王建凯译，文化时报出版社 1996 年版。

30. ［美］斯格特：《组织理论：理性、自然和开发系统》，高洋等译，华夏出版社 2002 年版。

31. ［美］特里·L. 库珀：《行政伦理学：实现行政责任的途径》，张秀琴译，中国人民大学出版社 2001 年版。

32. ［美］特里·L. 库珀：《行政伦理学》，张秀琴译，中国人民大学出版社 2010 年版。

33. ［英］安东尼·吉登斯：《现代性的后果》，田禾译，译林出版社 2001 年版。

34. ［英］亨利·詹姆斯·萨姆那·梅因：《古代法》，沈景一译，商务印书馆 1995 年版。

35. ［英］尼格尔·多德：《社会理论与现代性》，陶传进译，社会科学文献出版社 2002 年版。

36. ［英］齐格蒙特·鲍曼：《生活在碎片之中——论后现代道德》，郁建兴等译，学林出版社 2002 年版。

37. 《马克思恩格斯全集》（第 3 卷），人民出版社 2002 年版。

38. 《马克思恩格斯全集》（第 42 卷），人民出版社 1979 年版。

39. 《马克思恩格斯文集》（第 1 卷），人民出版社 2009 年版。

40. 《马克思恩格斯选集》（第 1—5 卷），人民出版社 1995 年版。

41. 包亚明：《现代性的地平线——哈贝马斯访谈录》，上海人民出版社 1997 年版。

42. 董建新、胡辉华：《行政伦理研究》，知识产权出版社 2009 年版。

43. 冯玥：《没有人幸免于罪》，《中国青年报》2004 年 8 月 25 日第 4 版。

44. 傅明贤主编：《行政组织理论》，高等教育出版社 2000 年版。

45. 高秦伟：《论责任政府与政府责任》，《行政论坛》2001 年第 7 期。

46. 高晓红：《政府伦理研究》，博士学位论文，东南大学，2006 年。

47. 高晓红：《政府组织的政治使命与伦理内涵》，《江海学刊》2007 年第 2 期。

48. 高晓红：《黑格尔论作为伦理实体的政府》，《学海》

2007年第3期。

49. 顾平安:《政府价值的自我求证——兼论政府机构改革的本质》,《国家行政学院学报》2001年第1期。

50. 何颖:《政府公共性与和谐社会的构建》,《社会科学战线》2005年第4期。

51. 赫伯特·西蒙:《管理行为》,杨砾等译,北京经济学院出版社1988年版。

52. 胡刘:《马克思现代性思想的方法论》,《学术研究》2004年第11期。

53. 纪明奇:《公共组织中的伦理困境及其价值回归》,《天水行政学院学报》2002年第5期。

54. 江畅:《论人类公认的价值理念》,《天津社会科学》2001年第1期。

55. 蒋明柳:《非理性:理性救赎之途——对理性异化的哲学反思》,《经济与社会发展》2010年第4期。

56. 金耀基:《金耀基自选集》,上海教育出版社2002年版。

57. 雷龙乾:《马克思的现代性批判理论刍议——兼论"物的依赖性"》,《北京大学学报》(哲学社会科学版)2007年第1期。

58. 李沫:《论行政组织伦理困境的双重维度》,《华章》2010年第8期。

59. 林泳荣:《中国法制史》,中兴大学法律研究所1976年版。

60. 刘小枫:《现代性社会理论绪论》,上海三联书店1998年版。

61. 刘晓新:《当代人类价值理念的几点思考》,《北京联合大学学报》（人文社会科学版）2003 年第 1 期。

62. 刘祖云：《当代中国公共行政的伦理审视》，人民出版社 2006 年版。

63. 刘祖云：《政府与官员的关系：道德冲突与伦理救治》，《学海》2008 年第 1 期。

64. 娄峥嵘：《公共管理理论在中国的适用性分析》，《公共行政》2006 年第 6 期。

65. 陆波岸：《拒绝"污染经济"刻不容缓》，《福建日报》2013 年 7 月 8 日第 3 版。

66. 栾建平、杨刚基：《我国行政责任机制分析与探讨》，《中国行政管理》1997 年第 11 期。

67. 罗荣渠：《建立马克思主义的现代化理论的初步探索》，《中国社会科学》1988 年第 1 期。

68. 罗荣渠：《现代化新论》，北京大学出版社 1993 年版。

69. 罗蔚：《我国行政伦理研究状况的分析与反思》，《公共行政评论》2009 年第 1 期。

70. 裴雯、张兴国、廖屿荻等：《中国传统社会、权力与权力公共空间》，《重庆大学学报》（社会科学版）2011 年第 4 期。

71. 彭定光：《论政府的道德责任》，《中南大学学报》（社会科学版）2006 年第 3 期。

72. 乔耀章：《政府理论》，苏州大学出版社 2003 年版。

73. 任剑涛：《权利的召唤》，中央编译出版社 2005 年版。

74. ［美］塞缪尔·P. 亨廷顿：《变动社会的政治秩序》，张岱云等译，上海译文出版社 1989 年版。

75. 桑胜高：《公益组织起诉政府是法治进步》，《法制日报》

2016年2月17日第7版。

76. 舒建军:《公共权利与当代中国社会》,《社会科学论坛》2004年第1期。

77. 涂文娟:《政治及其公共性:阿伦特政治伦理研究》,中国社会科学出版社2009年版。

78. 万俊人:《现代性的伦理话语》,《社会科学战线》2002年第1期。

79. 汪荣有:《公共伦理学》,武汉大学出版社2009年版。

80. 王锋、田海平:《国内行政伦理研究综述》,《哲学动态》2003年第11期。

81. 王海明:《新伦理学》,商务印书馆2001年版。

82. 王珏:《后现代视阈中伦理谋划的道德哲学基础》,《道德与文明》2008年第6期。

83. 王珏:《组织伦理:现代性文明的道德哲学悖论及其转向》,中国社会科学出版社2008年版。

84. 王鹏、侯宜中:《我是环保局的"叛徒"》,《京华时报》2009年6月15日第19版。

85. 王伟等:《行政伦理概述》,人民出版社2001年版。

86. 王玉明:《论责任政府的责任伦理》,《黑龙江社会科学》2011年第2期。

87. 文长春:《伦理的现代性救赎》,《学术交流》2013年第6期。

88. 吴国胜:《什么是科学》,《博览群书》2007年第10期。

89. 吴祖明、王凤鹤:《中国行政道德论纲》,华中科技大学出版社2001年版。

90. 伍俊斌:《从全能政府走向有限政府》,《企业导报》

2009年第11期。

91. 习近平：《习近平系列重要讲话读本：绿水青山就是金山银山》，《人民日报》2014年7月11日第12版。

92. 习近平：《习近平在中共中央政治局第十三次集体学习时强调把培育和弘扬社会主义核心价值观作为凝魂聚气强基固本的基础工程》，http：//www. gov. cn/ldhd/2014 - 02/25/content_ 2621669. htm。

93. 夏勇：《我这十年的权利思考》，《读书》2004年第2期。

94. 夏勇：《人权概念起源：权利的历史哲学》，中国社会科学出版社2007年版。

95. 徐百柯、李润文：《十年了，依旧没有人幸免于难》，《中国青年报》2013年6月26日第9版。

96. 徐家良、范笑仙：《公共行政伦理学基础》，中共中央党校出版社2004年版。

97. 徐宗良：《现代价值理念的影响与作用——兼论康德"人是目的"等思想》，《道德与文明》2011年第2期。

98. 杨幼炯：《政治科学总论·现代政府论》，中华书局印行1967年版。

99. 叶青春：《当代中国政府的伦理责任》，《社会科学研究》2005年第4期。

100. 于雷：《空间公共性研究》，东南大学出版社2005年版。

101. 于立深：《正确对待政府义务和政府权力》，《长白学刊》2010年第5期。

102. 俞吾金：《价值四论》，《哲学分析》2010年第2期。

103. 张成福：《责任政府论》，《中国人民大学学报》2000年第2期。

104. 张继亮、教军章：《公共性：从精神世界到社会生活》，《阅江学刊》2011年第4期。

105. 张康之：《公共行政中的责任与信念》，《中国人民大学学报》2001年第3期。

106. 张康之：《论公共行政的道德责任》，《行政论坛》2001年第1期。

107. 张康之：《寻找公共行政的伦理视角》，中国人民大学出版社2002年版。

108. 张康之：《论权利观念的历史性》，《教学与研究》2007年第1期。

109. 张汝伦：《现代性与哲学的任务》，《学术月刊》2016年第7期。

110. 张震：《行政组织伦理冲突的化解研究》，硕士学位论文，电子科技大学，2008年。

111. 朱光磊：《现代政府理论》，高等教育出版社2006年版。

112. 朱林：《权力的伦理》，《学术界》2003年第4期。